高等院校计算机教育系列教材

C语言程序设计

黄迎久　庞润芳　主　编
闫俊伢　赵军富
徐　扬　李海荣　副主编
　　　　王艳艳

清华大学出版社
北　京

内容简介

本书以“Visual C++ 2010 学习版”软件为应用背景，全面介绍了C语言的基础知识、程序结构及程序编写技巧。全书共分为12章，主要内容包括C语言简介、C语言基础知识、顺序结构程序设计、选择结构程序设计、循环结构程序设计、函数、预处理、数组、指针、结构体与共用体、文件、位运算等。

本书在准确讲解概念的基础上引入大量实例，由浅入深、分析透彻，旨在培养学生的实践动手能力；每章均附有丰富的例题和习题。

本书内容丰富、结构合理、示例翔实，可作为普通高校计算机公共课的教材，适合高职、高专以及非计算机专业本科学生使用，同时也可以作为C语言程序设计的自学用书。

本书的习题答案和项目开发实例源文件可以到清华大学出版社官网下载。

图书在版编目(CIP)数据

C语言程序设计/黄迎久，庞润芳主编. —北京：清华大学出版社，2019（2022.9重印）
(高等院校计算机教育系列教材)
ISBN 978-7-302-51171-7

Ⅰ. ①C… Ⅱ. ①黄… ②庞… Ⅲ. ①C语言—程序设计—高等学校—教材 Ⅳ. ①TP312.8

中国版本图书馆CIP数据核字(2018)第209920号

责任编辑：汤涌涛
封面设计：李　坤
责任校对：王明明
责任印制：宋　林
出版发行：清华大学出版社
网　址：http://www.tup.com.cn, http://www.wqbook.com
地　址：北京清华大学学研大厦A座　　**邮　编**：100084
社 总 机：010-83470000　　**邮　购**：010-62786544
投稿与读者服务：010-62776969, c-service@tup.tsinghua.edu.cn
质量反馈：010-62772015, zhiliang@tup.tsinghua.edu.cn
课件下载：http://www.tup.com.cn, 010-62791865
印 刷 者：北京富博印刷有限公司
装 订 者：北京市密云县京文制本装订厂
经　销：全国新华书店
开　本：185mm×260mm　　**印　张**：17.75　　**字　数**：430千字
版　次：2019年1月第1版　　**印　次**：2022年9月第8次印刷
定　价：49.00元

产品编号：080534-01

前　言

“C 语言程序设计”是计算机专业和理工科各类专业重要的公共基础课程之一。C 语言功能强大，使用灵活方便，移植性强，兼有高级编程语言和低级编程语言特点，利用 C 语言可以编写系统软件和各类应用软件。

“C 语言程序设计”是一门实践性很强的课程，学习者必须通过大量的编程训练，才能逐步理解和掌握程序设计的思想和方法。本书以程序设计为主线，以编程应用为驱动，通过案例和问题引入内容，结合语法知识，重点讲解程序设计的思想和方法。

作者根据多年的教学经验，结合高校非计算机专业计算机基础教学的最新大纲，在分析国内外多种同类教材的基础上，编写了本书。力求通过理论联系实际，采用计算思维的方法，引导和启发学生掌握思考和解决问题的方法，达到举一反三的目的。

本书强调实践训练，从第 1 章开始就要求学习者着手编程训练，并贯穿始终。书中的例题和习题是在借鉴了大量国内外教材、考试的题目后精选、编制而成，集中体现了 C 语言编程的基本思路和方法，题目新颖独到，学习者可以即学即练，有助于加深理解，提高学习效率。

本书主要由内蒙古科技大学计算机教学基地和山西大学商务学院信息学院的教师共同编写完成：第 1 章由黄迎久编写；第 3 章、第 4 章和前言由徐扬编写；第 5 章和第 11 章由庞润芳编写；第 6 章、第 7 章和附录由李海荣编写；第 2 章和第 8 章由赵军富编写；第 9 章和第 10 章由王艳艳编写；第 12 章由山西大学商务学院信息学院闫俊伢编写。全书由黄迎久负责统稿。

由于作者水平有限，书中的疏漏和不妥之处在所难免，欢迎广大读者批评指正。

编　者

目　　录

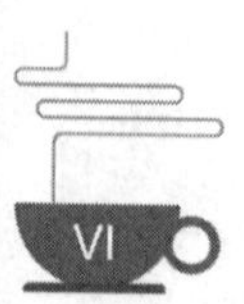

第 1 章
C 语言简介

【本章要点】

- C 语言的发展过程及其特点
- C 语言程序的结构
- C 语言程序编辑、编译、链接和调试的过程

【学习目标】

- 掌握 C 语言程序的结构
- 掌握 C 语言程序编辑、编译、链接和调试的过程

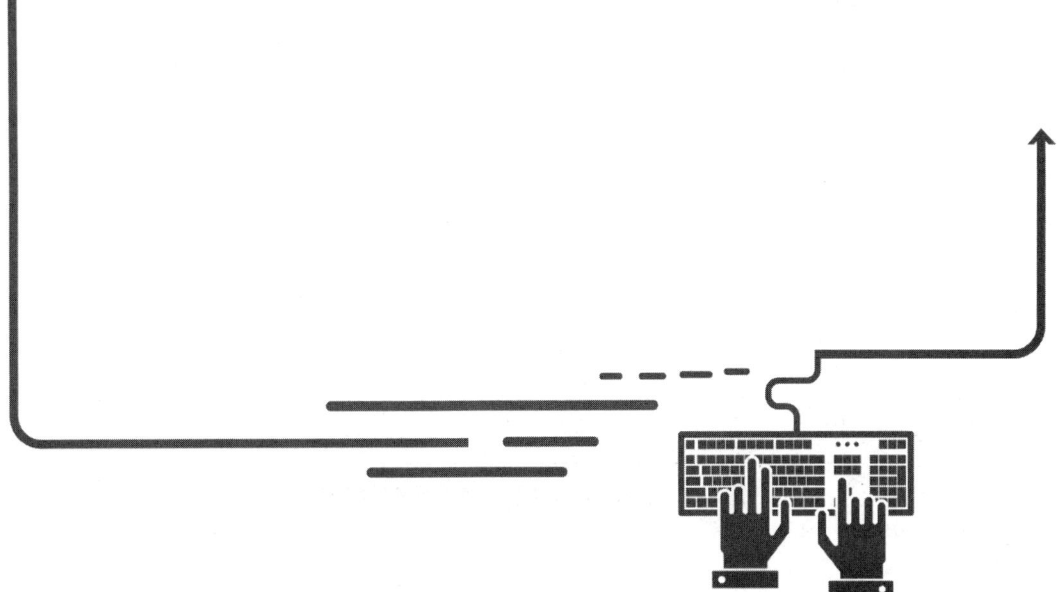

1.1　C 语言的发展过程及特点

1.1.1　C 语言的发展过程

C 语言是 20 世纪 70 年代初期开发出来的一种编程语言。1970 年，美国贝尔实验室的 Ken Thompson、Dennis Ritchie 等人为了重新开发 UNIX 操作系统，设计了一种小型的编程语言 BCPL(简称 B 语言)，之后 Ritchie 对 B 语言进行了升级，并将其命名为 C 语言。

随着 UNIX 操作系统的广泛使用，C 语言得到迅速推广。1978 年，Brian Kernighan 和 Dennis Ritchie 合作编写了影响深远的名著《The C Programming Language》，该书是各种 C 语言版本的基础。1983 年美国国家标准协会(ANSI)制定了新的 C 语言标准——83 ANSI C。目前使用的如 Microsoft C、Turbo C 等版本都把 ANSI C 作为一个子集，并在此基础上做了合乎它们各自特点的扩充。

1.1.2　C 语言的特点

C 语言是一种结构化的程序设计语言，兼有高级语言和低级语言的功能。C 语言的主要特点表现在以下几个方面。

(1) C 语言能够直接访问物理地址，进行位操作，直接操作计算机硬件。

(2) 移植性强。C 语言可以直接运行于各种型号的计算机及各种操作系统下。

(3) 运算符和数据结构丰富，功能强大。

(4) 生成的目标代码质量高，程序执行速度快。

C 语言不仅适用于编写系统软件(如操作系统、编译系统等)，也适用于编写应用软件(如图形处理、信息处理系统等)，因此成为最流行的程序设计语言之一。

目前国内外高校几乎都开设了“C 语言程序设计”课程，在著名的 TIOBE 编程语言排行榜上，C 语言一直名列前茅，如图 1-1 所示。目前较为流行的编程语言如 Java、C++、PHP 等，它们大多数都是以 C 语言为基础或借鉴了 C 语言的特点。可见，学好 C 语言对学习其他计算机编程语言会有很大帮助。

Mar 2018	Mar 2017	Change	Programming Language	Ratings	Change
1	1		Java	14.941%	-1.44%
2	2		C	12.760%	+5.02%
3	3		C++	6.452%	+1.27%
4	5	^	Python	5.869%	+1.95%
5	4	˅	C#	5.067%	+0.66%
6	6		Visual Basic .NET	4.085%	+0.91%
7	7		PHP	4.010%	+1.00%
8	8		JavaScript	3.916%	+1.25%
9	12	^	Ruby	2.744%	+0.49%
10	-	⇈	SQL	2.686%	+2.69%
11	11		Perl	2.233%	-0.03%
12	10	˅	Swift	2.143%	-0.13%
13	9	⇊	Delphi/Object Pascal	1.792%	-0.75%
14	16	^	Objective-C	1.774%	-0.22%
15	15		Visual Basic	1.741%	-0.27%

图 1-1　2018 年 3 月世界编程语言排行榜

1.2　简单的C语言程序

从下面几个实例中，了解一下C语言程序的基本结构。

【实例1-1】 编写程序，在屏幕上显示Welcome C Program。

程序如下：

```
#include<stdio.h>
void main()
{
     /*在屏幕上输出 Welcome C Program  */
  printf("Welcome C Program \n");
  system("pause");
}
```

程序运行结果：

```
Welcome C Program
```

程序说明：

(1) #include称为“文件包含命令”，其作用是把系统目录下的头文件stdio.h包含到本程序中，成为程序的一部分。

C语言提供的头文件中包含各种标准库函数的函数原型，在程序中调用某个库函数时，必须将该函数原型所在的头文件包含进来。本程序包含的头文件stdio.h是standard input & output(标准输入输出)的缩写，该文件里的函数主要用于处理数据流的标准输入输出。

(2) main是主函数的名字。main()函数是C程序执行的入口，每一个C语言程序只能有一个main()函数；void表示main()函数是“空类型”，即执行此函数后不产生一个函数值(有的函数执行后会产生一个函数值，如cos(x)等)。

(3) /* …*/表示注释语句，即程序中的说明文字，是不被C语言系统执行的语句。位于/*和*/之间的所有内容都属于注释语句，可以写在一行之内，也可以写在多行之内。

(4) printf()是C语言库函数，其函数原型在头文件stdio.h中，该函数的功能是将信息按一定格式输出到显示器上，其中的\n是换行符。

(5) system("pause")表示程序暂停，按任意键后程序继续运行。

(6) 函数main中的程序语句必须写在函数main()下方的一对花括号中，每条执行语句结尾处必须带分号”;”。

【实例1-2】 计算表达式1-3+5-7+9的值。

程序如下：

```
#include<stdio.h>
void main()
 {
   int sum;
```

```
   sum=1-3+5-7+9;
   printf("sum=%d\n",sum);
   system("pause");
}
```

程序运行结果：

```
sum=5
```

程序说明：

(1) main()函数里定义了一个整型变量 sum，用于存储整数值。

(2) 语句“sum=1-3+5-7+9;”是将表达式“1-3+5-7+9”的计算结果赋给变量 sum。

(3) 语句“printf("sum=%d",sum); ”是将变量 sum 的结果输出到屏幕上，其中格式字符“%d”对应的是 sum 的值。

【实例 1-3】判断两个整数中的较大者。

程序如下：

```
#include<stdio.h>
int max(int x,int y);
void main()
 {
    int a,b,c;
    scanf("%d%d",&a,&b);
    c=max(a,b);
    printf("max=%d",c);
       system("pause");
 }
 int max(int x, int y)
  {
    if(x>y)
          return x;
    else
          return y;
 }
```

程序运行结果：

```
10 25↵
max=25
```

程序说明：

(1) 本程序中包括两个函数，主函数 main()和自定义函数 max()。函数 max()的作用是判断 x 和 y 中的较大值，其中的 return 语句将较大值返回给主调函数 main()，并赋给 c。

(2) 程序的第 2 行为声明函数 max()。

(3) 程序的第 6 行为调用函数 scanf()，通过键盘输入变量 a 和 b 的值。

(4) 程序的第 7 行为调用函数 max()。

(5) 程序的第 8 行用于输出变量 c 的值。

(6) 程序的第 11～17 行定义函数 max()。

1.3　C 语言程序的结构

前面给出的 C 语言程序实例虽然结构和功能简单，但其中都包含了 C 语言程序的基本组成部分，从中可以得到以下结论。

(1) C 程序由函数构成。一个 C 语言程序只能包含一个 main()函数，函数是 C 语言的基本组成单位。被调用的函数可以是系统提供的库函数(如函数 printf())，也可以是用户自己编写的函数(如实例 1-3 中的函数 max())。

(2) C 程序的函数由两部分组成，即函数首部和函数体。

① 函数首部。即函数的第一行，包括函数类型、函数名称、参数(形式参数)的类型和名称。函数名称后面必须跟一对圆括号，括号内写明参数的类型和名称，函数也可以没有参数，如 main()。如实例 1-3 中 max 函数的首部为

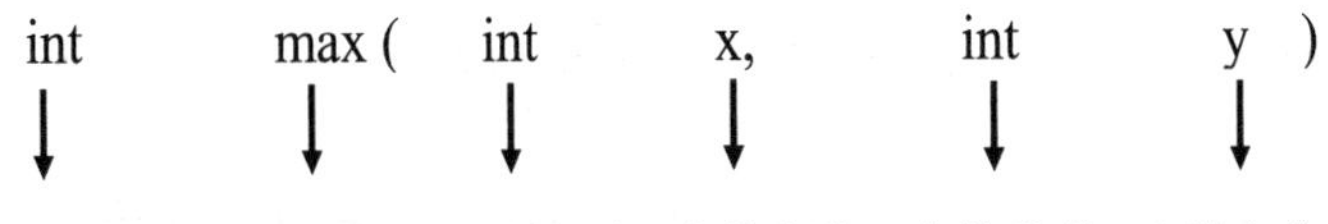

② 函数体。即函数首部下方花括号内的部分。

函数体一般包括两部分。

- 声明部分。定义所要用到的变量，并对要调用的函数进行声明。如实例 1-3 中 main()函数对变量的定义语句“int a,b,c;”。
- 执行部分。由若干条程序语句组成。

在某些情况下也可以没有声明部分，如实例 1-1；甚至可以既无声明部分也无执行部分，如：

```
void tmp()
 { }
```

这就构成了一个空函数，什么也不执行。

(3) C 程序总是从 main()函数开始执行，直至 main()函数中最后一条执行语句为止，main()函数的位置可以任意。

(4) C 程序书写格式自由。一行内可以写若干条语句，一条语句也可以分写在多行上。

在后续章节里，我们将继续介绍 C 语言程序的语法规则、基本表达式、控制结构语句的作用，并通过了解模块化程序设计的思想和方法，逐步掌握 C 语言程序的设计方法。

1.4　C 语言程序的执行

由于计算机内部只能识别和执行二进制指令，因此 C 语言源程序首先要翻译成二进制的“目标程序”(Object Program)，这个过程称为“编译”(Compile)；然后再将目标程序和 C 语言系统的相关资源链接起来，生成一个可以执行的程序，这个过程称为“链接”(Link)。

1.4.1 编译源程序

C 语言源程序的编译过程由词法分析器、语法分析器和代码生成器三部分组成，如图 1-2 所示。

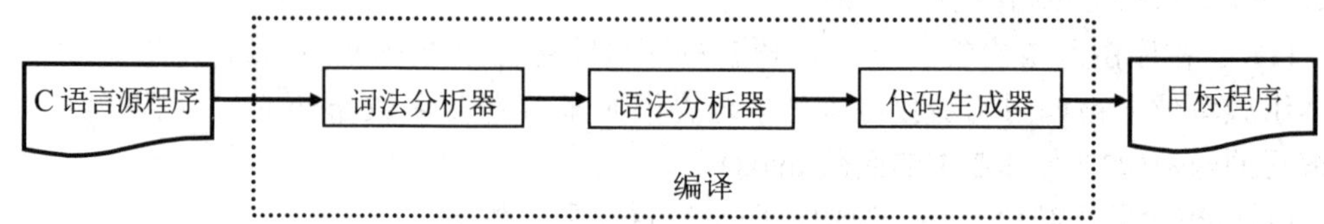

图 1-2　C 语言源程序的编译过程

1.4.2 链接目标程序

C 源程序经过编译后所生成的目标程序不能直接运行，要想得到可执行的程序，还需要进行链接工作。

编程语言的链接工作由链接器(Linker)来完成。链接器的任务就是将目标程序和相关的系统资源链接成可执行的程序文件。

1.4.3 运行 C 程序

可执行程序一旦被生成，就可以反复地被加载执行，而不再需要重新编译、链接。如果修改了源程序，就必须重新进行编译、链接，生成一个新的可执行文件。

1.5 C 语言开发工具简介

使用集成开发工具来开发 C 语言程序可以提高工作效率。集成开发工具是一个经过整合的软件系统，它将编辑器、编译器、链接器和其他功能模块组合在一起，程序员可以很方便地对程序进行编辑、运行、调试等一系列工作。

在 Windows 操作系统下，有很多 C 语言的集成开发工具，如 Visual C++、Dev-C++、Code::Blocks、Visual Studio 等，这些集成开发工具各具特色。常用 C 语言开发工具的基本特点如表 1-1 所示。

表 1-1　常用的 C 语言开发工具

开发工具	基本特点
Visual C++ 6.0	简称 VC++或 VC，美国微软公司 20 世纪 90 年代推出的 C/C++集成开发工具
Dev-C++	Windows 环境下的一个轻量级 C/C++ 集成开发环境(IDE)，是一款自由软件，遵守 GPL 许可协议分发源代码

续表

开发工具	基本特点
Code::Blocks	开放源码的全功能的 C/C++集成开发环境
Visual Studio	美国微软公司推出的系列商业化产品，功能丰富，是目前最流行的 Windows 平台应用程序的集成开发环境

以上这些开发工具的共同特点如下。

- 符合标准 C 语言(即 C89、C90 等标准)。
- 各系统具有一些扩充内容。
- 能开发 C 语言、C++程序(集程序编辑、编译、链接、调试、运行于一体)。

本书以 Visual Studio 2010 下的“Visual C++ 2010 学习版”作为 C 语言开发工具，书中的所有实例、习题都是在此环境下调试和运行的。

下面介绍在“Visual C++ 2010 学习版”环境下创建和运行 C 语言程序的过程。

1.5.1　安装和运行 Visual C++ 2010 学习版

双击文件 Setup.hta，即可启动安装进程，在确定安装项目后(如选择“Visual C++ 2010 学习版”)，就进入了安装进程，如图 1-3 所示。

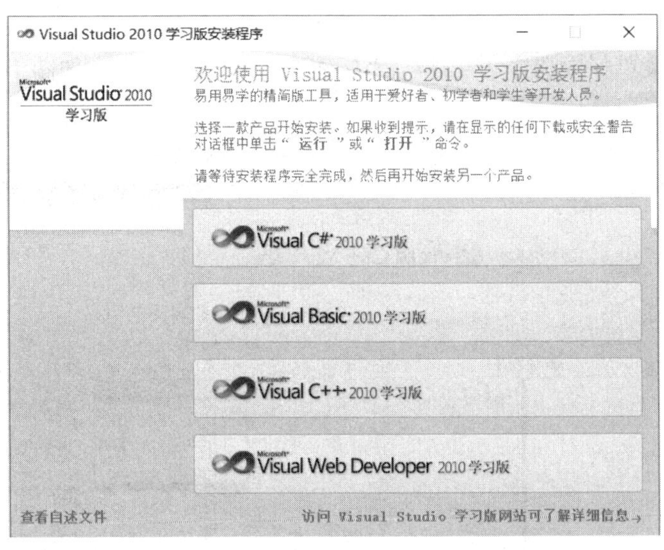

图 1-3　安装 Visual Studio 2010 学习版

安装完 Visual C++ 2010 学习版后，就可以进入该系统编辑 C 源程序。为了方便使用该系统，可以在桌面上创建一个快捷图标，双击该快捷图标就可以直接启动系统。

Visual C++ 2010 学习版的系统主窗口如图 1-4 所示。主窗口的顶部是菜单栏，包含 7 个菜单项：文件、编辑、视图、调试、工具、窗口和帮助。主窗口的左侧是资源管理器，右侧是启动页窗格，下方是调试信息窗格。资源管理器用来显示所创建项目的信息；调试信息窗格用于显示调试源程序时出现的提示信息。

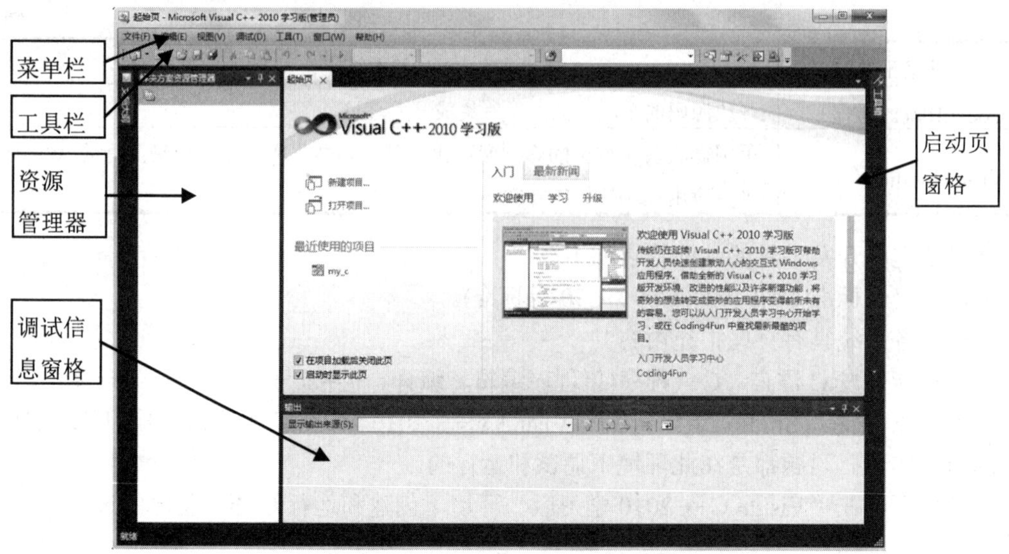

图 1-4　Visual C++ 2010 学习版系统主窗口

1.5.2　创建项目

1. 新建项目

在主窗口的菜单栏中选择“文件”|“新建”|“项目”命令，如图 1-5 所示。

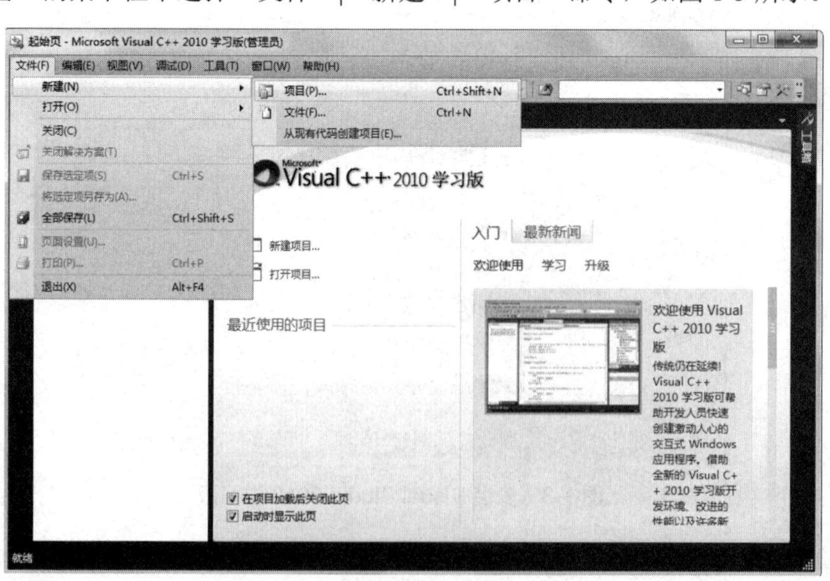

图 1-5　新建项目

在“新建项目”对话框上，首先选择 Visual C++下的“常规”选项，再选择“空项目”。在对话框下方的“名称”文本框中填写项目的名称，如 my_c；在“位置”下拉列表框中设定项目所保存的路径；然后单击“确定”按钮完成项目的创建，如图 1-6 所示。

图 1-6　“新建项目”对话框

2. 添加 C 程序

(1) 新建 C 程序。

在资源管理器窗格内右击“源文件”，在弹出的快捷菜单中选择“添加”|“新建项”命令，如图 1-7 所示。

图 1-7　添加新的 C 程序

在“添加新项”对话框中，选择“C++文件(.cpp)”，在对话框下方的“名称”文本框中输入 C 程序的文件名称(注意：文件扩展名必须是.c)，如 hello.c。

在“位置”下拉列表框中设定 C 程序文件保存的路径，然后单击“添加”按钮，完成 C 程序的添加，如图 1-8 所示。

图 1-8　添加 C 程序文件

提示： 由于我们编辑的是 C 程序，所以在“名称”文本框中输入的源程序文件的扩展名必须是.c。若忽略扩展名，则系统默认该源程序文件为 C++源程序文件(C++源程序文件的扩展名为.cpp)。

一个项目中可以包含多个 C 源程序文件。

在程序编辑窗口内，可以编写 C 源程序，如图 1-9 所示。

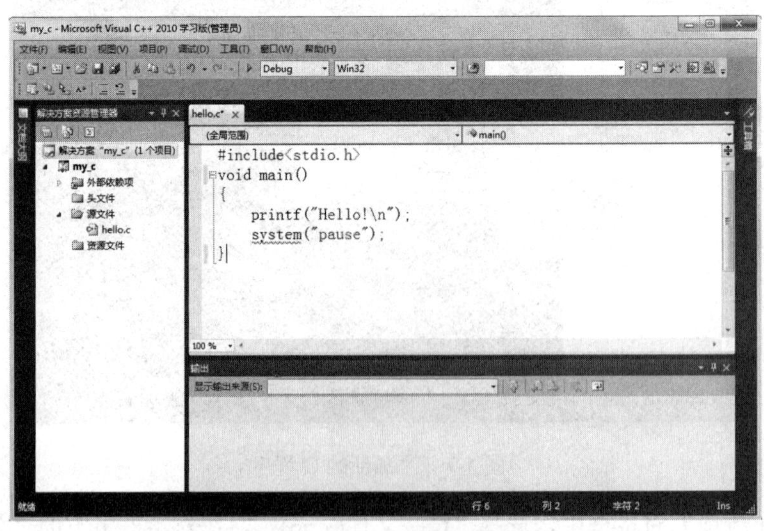

图 1-9　编写 C 源程序

(2) 添加现有的 C 程序文件。

用鼠标右击“源文件”，在弹出的快捷菜单中选择“添加”|“现有项”命令，可以将现有的 C 程序文件添加到项目中，如图 1-10 所示。

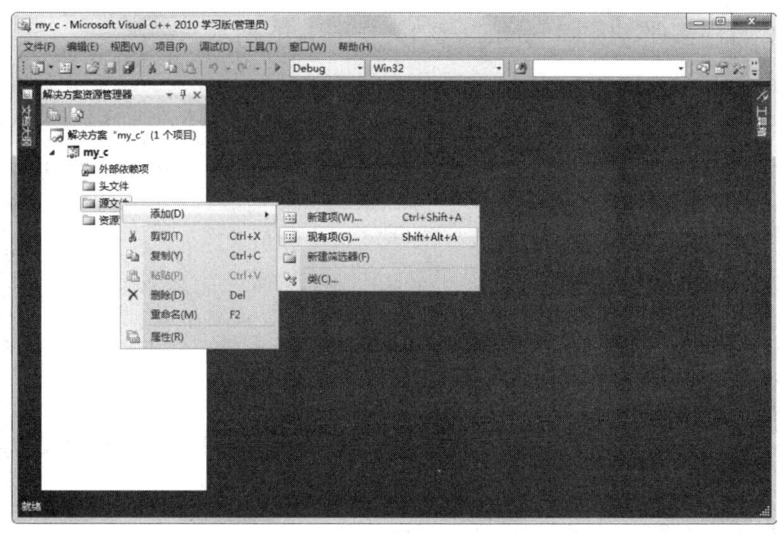

图 1-10　添加现有的 C 程序文件

在弹出的“添加现有项”对话框中，设定 C 程序文件的路径及名称后，单击“添加”按钮，如图 1-11 所示。

图 1-11　“添加现有项”对话框

(3) 运行 C 程序。

编辑完 C 源程序后，就可以运行 C 程序文件。

方法一：选择主菜单栏的“调试” | “启动调试”命令，或者按快捷键 F5，如图 1-12 所示。

方法二：单击工具栏的 ▶ 按钮。

运行效果如图 1-13 所示。

方法三：命令行方式。单击 Windows 的“开始”按钮，在“所有程序”中选择 Microsoft Visual Studio 2010 Express | “Visual Studio 命令提示(2010)”选项，或右击再选择“以管理员身份运行”选项，如图 1-14 所示。

在命令提示窗口内进入 C 程序所在的文件夹，如 c:\my_project\my_c，首先输入编译

命令 cl 编译 C 程序文件，例如：cl hello.c↵，如图 1-15 所示。

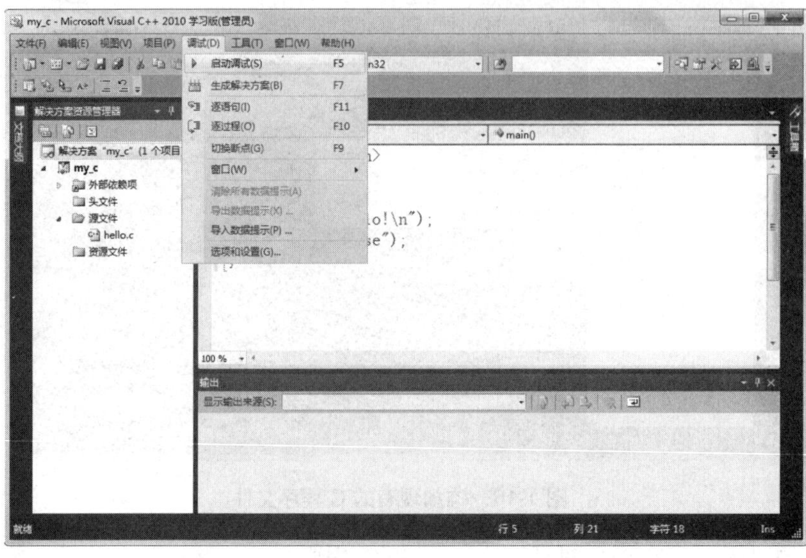

图 1-12　运行 C 程序文件

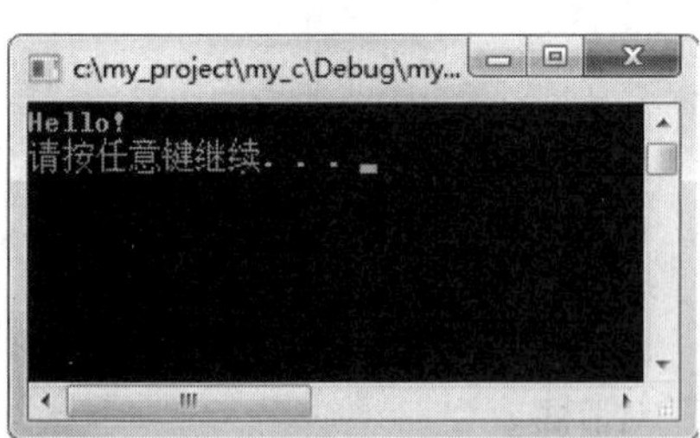

图 1-13　C 程序运行效果

图 1-14　进入 Visual Studio 2010 命令行状态

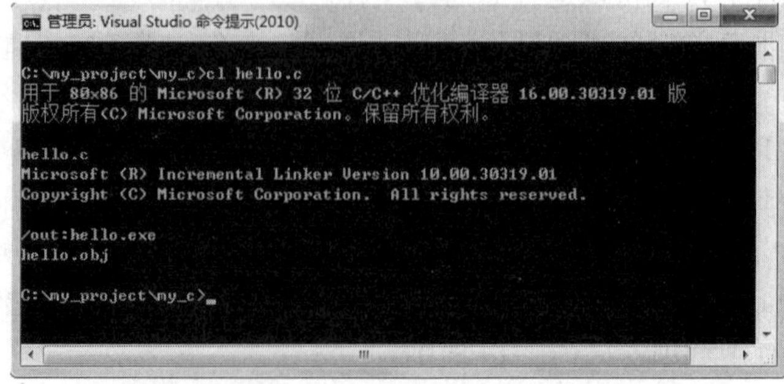

图 1-15　编译 C 程序文件

若编译通过，则会生成目标文件(.obj)和可执行文件(.exe)。然后输入命令 hello 或 hello.exe，就可以运行已生成的可执行文件 hello.exe，如图 1-16 所示。

图 1-16　运行可执行文件

若编译时提示错误信息，则必须在源代码中改正错误后，重新编译，直至编译通过才可以运行生成的可执行文件。

提示：编译过程仅仅是检查源程序中是否存在语法错误，编译系统无法检查出源程序中的逻辑错误。因此，即使编译通过，也不能保证程序能够计算出正确的结果。

初学者切莫忽略错误信息，从错误信息中，要能够快速找到出错的程序行，可以有针对性地改正程序错误，以达到事半功倍的效果。

1.5.3　打开项目

在 Visual C++ 2010 环境下，C 源程序文件从属于项目，在打开项目后，才可以编译、运行 C 源程序文件。

(1) 启动 Visual C++ 2010 系统，选择菜单“文件”|“打开”|“项目/解决方案”命令，如图 1-17 所示。或者单击工具栏的按钮，在弹出的“打开项目”对话框中，设定项目所在的文件夹，选择项目文件(扩展名为.sln)，完成项目的打开过程，如图 1-18 所示。

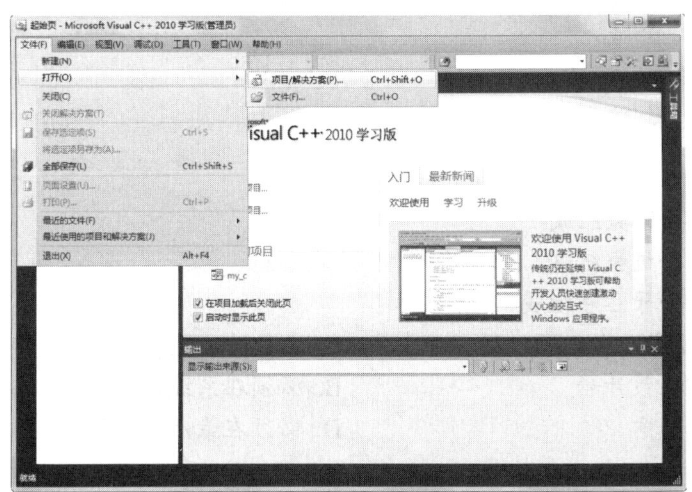

图 1-17　选择“项目/解决方案”命令

图 1-18　选择项目文件

(2) 进入项目文件所在的文件夹，双击项目文件(扩展名为.sln)，可直接进入 Visual C++ 2010 系统。

本 章 小 结

本章主要介绍了 C 语言的发展过程及特点、C 语言程序的基本结构，以及“Visual C++ 2010 学习版”环境的使用方法，包括创建/打开项目、添加 C 源程序文件及运行 C 程序。

C 程序的基本组成单位是函数，main()函数是程序的执行入口。一个项目可以包含多个 C 程序源文件，但只能包含一个 main()函数。

习　　题

一、选择题

1. C 程序由(　　)。

   A. 一个主程序和若干个子程序组成

   B. 若干个函数组成

   C. 若干个过程组成

   D. 若干个子程序组成

2. C 语言规定，在 C 语言源程序中，main 函数的位置(　　)。

   A. 必须在最开始　　B. 必须在系统调用的库函数之后

   C. 可以任意　　D. 必须在最后

3. C 程序的基本组成单位是(　　)。

   A. 文件　　B. 语句　　C. 函数　　D. 表达式

4. C 程序的执行是从(　　)。
   A. 本程序的 main 函数开始，到 main 函数的最后一条语句结束
   B. 本程序的第一个函数开始，到本程序的最后一个函数结束
   C. 本程序的 main 函数开始，到本程序的最后一个函数结束
   D. 本程序的第一个函数开始，到本程序的 main 函数结束
5. C 程序的编译过程是指(　　)。
   A. 将 C 源程序翻译成一个目标程序
   B. 将 C 源程序翻译成一个可执行文件
   C. 将 C 源程序加载到计算机内部等候运行
   D. 调试 C 程序
6. 编辑 C 程序是指(　　)。
   A. 创建或修改 C 程序　　B. 将 C 源程序编译成目标程序
   C. 调试 C 程序　　D. 命令计算机执行指定的操作
7. C 程序的链接过程是指(　　)。
   A. 将目标程序和系统库函数等链接在一起，形成一个扩展名为.exe 的可执行文件
   B. 将 C 源程序翻译成为一个扩展名为.obj 的目标程序
   C. 将 C 源程序加载到计算机内部运行
   D. 调试 C 源程序
8. 以下叙述正确的是(　　)。
   A. 在 C 程序中，main 函数可以位于程序的任意处
   B. C 程序的每行中只能写一条语句
   C. main 函数的函数体可以不带花括号
   D. 运行 C 程序是指运行本程序编译后生成的目标程序(.obj)
9. 以下叙述错误的是(　　)。
   A. 一个 C 程序可由一个或多个函数组成
   B. 一个 C 源程序必须包含一个 main 函数
   C. C 程序的组成单位是函数
   D. 每一个 C 程序都可以链接成一个可执行文件
10. 以下叙述正确的是(　　)。
   A. 在执行 C 程序时，从程序的第一个函数开始执行
   B. C 程序书写格式要求严格，一行内必须写一个语句，并且要有分号
   C. C 程序书写格式比较自由，但每一行只能有一个分号
   D. 一个 C 程序只有在编译、链接成.exe 文件后才能执行

二、改错题

修改下列程序的错误。下列程序在每一行“/***********ERROR************/”的下方有一处错误，请修改，程序的其他部分不得改动。

```
#include<stdio.h>
/***********ERROR************/
```

```
void main[ ]
{
    int x;
/***********ERROR************/
    x=1*2*3*4
    printf("%d",x);
    system("pause");
}
```

三、编程题

1. 编写程序，计算并显示表达式 1+3+5+7+9 的结果。
2. 编写程序，在屏幕上显示以下图形。

```
*******************
*     C World     *
*******************
```

第 2 章
C 语言基础知识

【本章要点】

- C 语言的基本数据类型
- C 语言的标识符、变量和常量
- C 语言程序的运算符与表达式

【学习目标】

- 掌握 C 语言的基本数据类型的特点及应用方法
- 掌握 C 语言的标识符、常量和变量的基本知识及应用
- 掌握 C 语言的各种运算符及表达式的应用

2.1 C 语言的数据类型

数据类型是数据的基本属性，描述的是数据的存储格式和运算规则。不同类型的数据在内存中所需存储空间的大小是不同的，能够支持的运算与运算规则也不同。

C 语言的数据类型分类如图 2-1 所示。

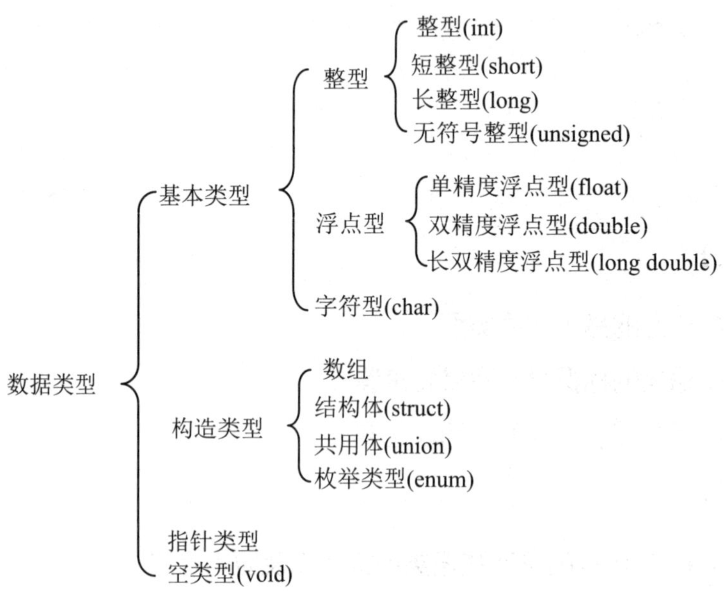

图 2-1 C 语言的数据类型

2.1.1 整型数据

1. 整型数据的基本概念

整型数据就是整数，整数分为两大类：有符号整数和无符号整数。有符号整数就是带有符号位的整数，包括负整数、0、正整数；无符号整数是不带符号位的整数，包括 0 和正整数。

整型数据类型用 int 表示，还可以搭配 4 种修饰符：signed(有符号)、unsigned(无符号)、long(长型)和 short(短型)。

整型数据的长度及取值范围如表 2-1 所示。

表 2-1 整型数据的长度及取值范围

数据类型	说 明	占用字节	取值范围
int	基本整型	4	−2147483648～2147483647，即-2^{31}～$(2^{31}-1)$
unsigned	无符号整型	4	0～4294967295，即 0～$(2^{32}-1)$
short	短整型	2	−32768～32767，即-2^{15}～$(2^{15}-1)$

续表

数据类型	说　明	占用字节	取值范围
unsigned short	无符号短整型	2	0～65535，即 0～$(2^{16}-1)$
long	长整型	4	-2147483648～2147483647，即-2^{31}～$(2^{31}-1)$
unsigned long	无符号长整型	4	0～4294967295，即 0～$(2^{32}-1)$

2. 整型数据的二进制表示

整型数据是以补码的形式存储的。正数的补码与其二进制原码相同。例如整数 23，其二进制形式的存储结构如图 2-2 所示(整型数据占 4 个字节的存储单元，每个字节占 8 位，共占 32 位)。

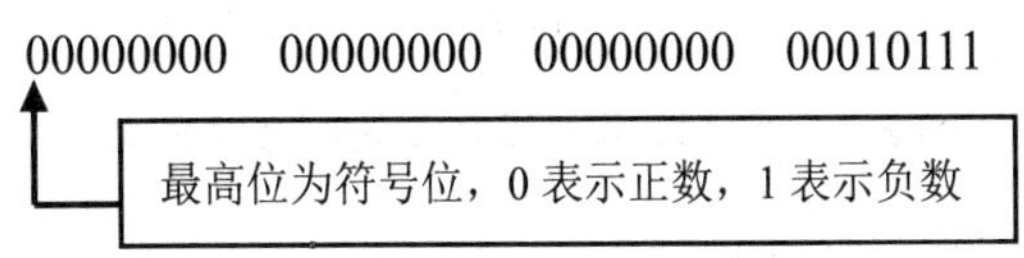

图 2-2　整数 23 的存储结构

若为负整数，将该数绝对值的二进制形式按位取反再加 1 便可得到该数的补码。

例如，求-23 的补码的步骤如下。

第一步，求出 23 的二进制形式：00000000　00000000　00000000　00010111

第二步，按位取反：11111111　11111111　11111111　11101000

第三步，再加 1：11111111　11111111　11111111　11101001

2.1.2　浮点型数据

1. 浮点型数据的基本概念

整型数据并不能适用于所有的应用，有时也需要实数。在 C 语言中，实数可以用浮点型数据来表示。浮点数的小数点位置是不固定的，可以浮动。C 语言提供了 3 种不同的浮点格式。

- float：单精度浮点数。
- double：双精度浮点数。
- long double：长双精度浮点数。

float、double、long double 这 3 种类型表示的实数精度依次增高。在使用的时候，需要根据实际精度要求来选择，比如工资只需要保留两位小数，则使用 float 类型比较恰当。

2. 浮点型数据的二进制表示

浮点型数据与整型数据的存储方式不同，浮点型数据是按照指数形式存储的。例如浮点数 58.625 的指数形式为 5.8625×10^1。其中，5.8625 称为尾数，10 的幂次 1 称为指数。

计算机在存储浮点数的时候，也要将其转化为二进制数来表示，转化方法是将整数部分和小数部分分别转化为二进制数。

浮点数的存储结构如图 2-3 所示，分为 3 个部分：符号位、指数位和尾数。符号位表示数值的正负；指数位用于计算阶码，代表 2 的幂次；尾数位为有效小数位数。尾数部分占的位数越多，浮点数的有效位越多；指数部分占的位数越多，表示数的范围就越大。

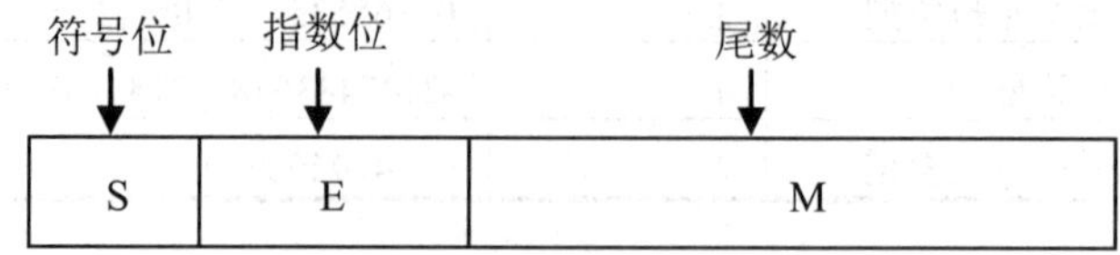

图 2-3　浮点数的存储结构

例如，浮点数 58.625(float 型 4 个字节)的二进制存储格式如图 2-4 所示。

S	E（8 位）								M（23 位）																						
0	1	0	0	0	0	0	0	1	1	1	0	1	0	0	1	0	0	0	0	0	0	0	0	0	0	0	0	0	0	0	0

图 2-4　浮点数 58.625 的二进制存储格式

提示：对于 float 类型的浮点数，指数位占 8 位，尾数位占 23 位。对于 double 类型的浮点数，指数位占 11 位，尾数位占 52 位。

3. 浮点型数据的长度与取值范围

单精度浮点数和双精度浮点数由于指数和尾数的位数不同，它们的取值范围也有所不同。浮点型数据的长度及取值范围如表 2-2 所示。

表 2-2　浮点型数据的长度及取值范围

类　型	说　明	占用字节	有效位	取值范围
float	单精度浮点型	4	6～7	-3.4×10^{-38}～3.4×10^{38}
double	双精度浮点型	8	15～16	-1.7×10^{-308}～1.7×10^{308}
long double	长双精度浮点型	16	18～19	-1.2×10^{-4932}～1.2×10^{4932}

【实例 2-1】 C 语言浮点数精度示例。

```
#include<stdio.h>
void main()
{
    float  x;                       /* x 为单精度类型变量 */
    double  y;                      /* y 为双精度类型变量 */
    x=123456789.123456;             /* 赋予 x 值 */
    y=123456789.123456;             /* 赋予 y 值 */
    printf("x=%f\n",x);             /* 输出 x 的值 */
    printf("y=%f\n",y);             /* 输出 y 的值 */
    system("pause");
}
```

运行结果如图 2-5 所示。

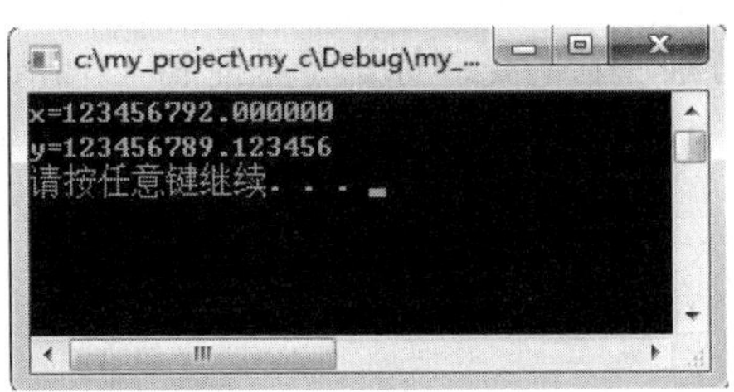

图 2-5　实例 2-1 的运行结果

从程序的运行结果来看，x 显示的结果并不等于赋予它的值，而 y 显示的结果等于赋予它的值，说明 float(单精度类型)数据只能保证前 7 位是精确的，double(双精度类型)数据的精度可以为 15～16 位。

2.1.3　字符型数据

在 C 语言中，字符数据用 char 描述。字符型数据在计算机的内存中占据一个字节的存储空间，但计算机并不是将字符本身存储到存储单元中(存储单元只能存储二进制编码)，而是将字符所对应的 ASCII 码值转换为二进制的形式存储到相应的存储单元中。例如大写字母 A 的 ASCII 码值为 65，因此，大写字母 A 在存储单元中的存储形式实际为整数 65 的二进制存储形式，如图 2-6 所示。

01000001

图 2-6　大写字母 A 的存储形式

提示：C 语言是将字符常量当作整数来进行处理的。字符常量与其对应的 ASCII 码值可以相互替代。字符型数据可以用字符形式输出，也可以用整数形式输出。字符型数据还可以作为整数参加运算。例如：'A'+10 相当于 65+10，结果为 75。

通过这种关系，可以进行大小写字母之间的转换运算，大写字母的 ASCII 码值加上 32 就是其对应的小写字母的 ASCII 码值，即大写字母=小写字母-32。

2.2　标识符、常量和变量

2.2.1　标识符

在编写程序时，需要对变量、函数、宏或其他实体进行命名，这些名字称为“标识符”。标识符只可以使用字母、数字和下划线，而且必须以字母或下划线开头。标识符的长度可以是一个或多个字符，最长不允许超过 32 个字符。

例如：name、abc12、person_name 为正确的用户标识符。

下面的标识符是不合法的用户标识符：2piece(不能以数字开头)，score/student(含有字符/)，a value(含有空格)，int(与关键字同名)。

C 语言中的标识符区分大小写，因此，sum、Sum 和 SUM 分别代表 3 个不同的标识

符。用户在编程过程中要特别注意的是：标识符不能和 C 语言系统中的关键字相同(关键字是 C 语言系统规定的具有特定意义的标识符，见附录 A)，也不能和用户自定义的函数或 C 语言库函数同名。

2.2.2 常量

常量是在程序运行过程中，其值不发生变化的量。在 C 语言中，常量分为符号常量和直接常量。

1. 符号常量

符号常量是指用一个标识符表示的常量。符号常量在使用前必须定义，定义的形式如下：

```
#define <标识符> <常量>
```

在这里，#define 是 C 语言的预处理命令(参看第 7 章)。在编辑 C 语言源程序时，可以直接使用已定义的符号常量，系统编译时会对程序中出现的符号常量进行替换。

【实例 2-2】 符号常量用法示例。

```
#include<stdio.h>
#define PI 3.1416
void main()
{
   int r=10;
   float area;
   area=PI*r*r;
   printf("area=%f\n",area);
   system("pause");
}
```

程序运行结果：

```
area=314.160004
```

提示： 定义符号常量的目的是提高程序的可读性，方便程序的调试和修改，因此在定义符号常量时，应尽可能地表达它所代表的含义，如前面定义的 PI 就是代表圆周率 3.1416。

2. 直接常量

直接常量是指直接用数值表示的量，如 24、3.14、‘T’“string”等。直接常量分为整型常量、实型常量、字符常量、字符串常量、枚举常量等不同类型的常量。

(1) 整型常量。

可以采用十进制、八进制、十六进制来表示一个整型常量。

- 十进制：包含 0～9 中的数字，但是一定不能以 0 开头，如 15、−255。
- 八进制：只包含 0～7 中的数字，必须以 0 开头，如 017(十进制的 15)、0377(十

进制的 255)。

- 十六进制：包含 0～9 中的数字和 a～f 中的字母，以 0x 或 0X 开头，如 0xf(十进制的 15)。

如表 2-3 所示为整型常量在不同进制下的表示方法。

表 2-3 整型常量的表示方法

整型常量	进　制	对应的十进制数值
17	十进制	17
017	八进制	15
0x17	十六进制	23
17L 或 17l	十进制长整型	17
17LU 或 17lu	十进制无符号长整型	17

提示：可以在十进制整型常量后面添加 l 或 u(l 和 u 不区分大小写)来修饰整型常量。若添加 l(或 L)则表示该整型常量为长整型，如 17l；若添加 u(或 U)则表示该整型常量为无符号型，如 17u；若添加 lu(或 LU)则表示该整型常量为无符号长整型，如 17lu。

(2) 实型常量。

实型常量常用浮点计数法或科学计数法两种方法表示，如 231.46、7.36E-7。

科学计数法要求字母 e(或 E)的两端必须都有数字，而且右端必须为整数。如下列科学计数法均是错误的：e3、2.1e3.2、e。

(3) 字符常量。

字符常量是由一对单引号括起来的单个字符，如‘A’‘9’‘$’等均为字符常量。在这里，单引号只起定界作用，不代表字符。在 C 语言中，一个字符占用一个字节的存储空间，字符在 ASCII 表中按照其对应的 ASCII 码值依次排列。ASCII 表详见附录 B。

除了能直接表示在屏幕上显示的字符外，还有一些字符不能显示，用来表示不可打印的控制字符和特定功能的字符。如实例 2-1 中的“printf("x=%f \n",x);”，其中的\n 就是一个这样的控制字符。这种字符称为“转义字符”。转义字符用反斜杠(\ )后面跟一个字符、一个八进制数或十六进制数表示。如表 2-4 所示为 C 语言中常用的转义字符。

表 2-4 转义字符

转义字符	意　义	ASCII 码值
\n	换行	10
\t	水平制表符	9
\b	退 1 格	8
\r	回到本行的开始	13
\f	换页	12

续表

转义字符	意　义	ASCII 码值
\\	反斜杠	92
\'	单引号字符	39
\"	双引号字符	34
\0	空字符	0
\ddd	1～3 位八进制数所代表的字符	
\xhh	1～2 位十六进制数所代表的字符	

提示：字符码 ddd 表示 1～3 位八进制数字，可以不用前缀 0。如‘\101’代表 ASCII 值为八进制数 101 的字符，八进制数 101 相当于十进制数 65，ASCII 值为 65 的字符是大写字母‘A’。

字符码 hh 表示 1～2 位十六进制数字，不能忽略前缀 x。如‘\x47’代表 ASCII 值为十六进制数 47 的字符，十六进制数 47 相当于十进制数 71，ASCII 值为 71 的字符是大写字母‘G’。

(4) 字符串常量。

字符串常量是由一对双引号括起来的字符序列，如“China”“a”“123”等都是字符串常量。双引号之间没有任何字符的字符串常量称为空字符串。

在 C 语言中，系统会自动在字符串常量的尾端加入一个字符‘\0’作为字符串的结束标记，因此，长度为 n 个字符的字符串常量，在内存中占用 n+1 个字节的存储空间。

例如，字符串常量“china”有 5 个字符，其存储空间为 6 个字节，其存储形式如图 2-7 所示。

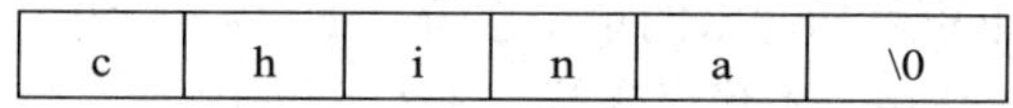

图 2-7　字符串常量“china”的存储形式

在 C 语言中，处理字符串问题时经常要用到数组或指针，这部分内容将在后续章节中讲述。

提示：不要将字符常量与字符串常量混淆起来。字符常量是由一对单引号括起来的单个字符，占 1 个字节的存储空间，如‘s’；而字符串常量是由一对双引号括起来的字符序列，如“china”，占 6 个字节的存储空间，其中最后一个字节用来存放字符‘\0’。

2.2.3　变量

1. 变量的定义

变量是指在程序运行过程中其值可以改变的量。在程序定义变量后，编译系统就会为

此变量分配相应的存储单元，用来存储数据，变量的名称就是该存储单元的符号地址。

在使用变量之前，必须对其进行声明。声明变量的格式如下：

```
类型名　变量名列表;
```

提示：“类型名”必须是有效的C语言数据类型，如int、float、double、char等。“变量名列表”是相同类型的若干个变量名，变量名之间用逗号隔开。

例如：

```
int number;                    /* 定义整型变量 number */
float score, avg ;             /* 定义单精度实型变量 score 和 avg */
```

通常，变量定义的语句位于函数体的声明部分，也可以放在函数的外部或复合语句的开头。

2. 变量的初始化

在程序中为变量赋值时，编译系统就会根据变量名称找到其对应的存储单元，将所赋的值存放进去。

C语言允许在定义变量的同时对变量进行初始化。一般形式如下：

```
<类型名> <变量名>=<表达式>, … ;
```

例如：

```
int  a=3;                    /*定义 a 为整型变量，初值为 3*/
float pi=3.14,score;         /*定义 pi、score 为单精度实型变量，pi 的初值为 3.14*/
char ch='t';                 /*定义 ch 为字符型变量，初值为't'*/
```

若要对几个变量赋同样的值，每个变量应分别赋初值，例如：

```
int  a=10, b=10, c=10;
```

而不能写成如下形式：

```
int  a=b=c=10;
```

2.3　运算符与表达式

C 语言提供了丰富的运算符，除流程控制语句与输入/输出操作之外的绝大多数基本操作都是由运算符来处理的。

2.3.1　概述

1. 运算符的分类

(1) 按运算符操作对象(也称运算对象)的数量分类。

运算符能连接运算对象的个数称为运算符的目。C语言中运算符的目有如下3种。

- 单目运算符：只能连接一个运算对象，如++、--、&等。
- 双目运算符：可以连接两个运算对象，如+、-等。C 语言中的运算符大多数属于双目运算符。
- 三目运算符：可以连接三个运算对象。C 语言中只有一个三目运算符，即条件运算符。

(2) 按运算符的性质分类。

C 语言的运算符极其丰富，根据运算符的性质分类，可分为算术运算符、关系运算符、逻辑运算符、赋值运算符、条件运算符、逗号运算符、位运算符等。

2. 运算符的优先级和结合方向

优先级是指在使用不同的运算对象进行计算时的先后次序。比如在算术运算符中，乘、除运算符的优先级要高于加、减运算符的优先级。C 运算符的优先级共分为 15 级，1 级最高，15 级最低。当一个表达式中出现不同类型的运算符时，首先按照它们的优先级顺序进行运算，即先对优先级高的运算符进行计算，再对优先级低的运算符进行计算。当两类运算符的优先级相同时，则要按照运算符的结合性确定运算顺序。圆括号的优先级高于任何运算符。

C 语言中运算符的优先级关系为：单目运算>算术运算>关系运算>逻辑运算>条件运算>赋值运算>逗号运算。

结合方向是指当一个运算对象连接两个同一优先级的运算符时，如果先结合左边的运算符，称为“自左向右”的结合方向；如果先结合右边的运算符，称为“自右向左”的结合方向。

3. 表达式

由 C 运算符和运算对象构成的式子称为“表达式”。运算对象可以是常量、变量或函数。单个的常量、变量和函数有时也可以看作表达式。

C 语言表达式中的所有成分都必须以线性形式书写，没有分式，没有上下标。例如数学表达式：

$$\frac{\sin x+b}{ab}+\frac{a+b}{a-b}$$

转换成 C 表达式，应写成：

(sin(x)+b)/(a*b)+(a+b)/(a-b)

2.3.2 算术运算符及算术表达式

1. 算术运算符

(1) +：加法运算符，或正值运算符，如 13+5、+3。

(2) -：减法运算符，或负值运算符，如 5-2、-5。

(3) *：乘法运算符，如 3*5。

(4) /：除法运算符，如 5/3。

(5) %：模运算符，或称求余运算符，用于计算两个整数相除后得到的余数，如 5%2 的值为 1。

算术运算符的优先级与数学上的规定相同，先乘除后加减，同一级别的一般情况下按自左向右的顺序进行。

提示：对于除法运算符“/”，如果两个运算对象都为整数，其意义为“整除”，相除的结果为整数，如 5/3 的结果为整数 1；如果有一个整数为负数，C 语言编译系统将采取“向零取整”的方法，即-5/3=-1，取整后向零靠拢；如果两个运算对象中至少有一个为浮点数，则相除的结果为 double 型浮点数，如 3.0/2 的结果为 1.5。

求余运算符“%”只能应用于整型数据，且计算结果的符号取决于左操作数的正负号。例如：(-10)%3=-1，10%(-3)=1。

2. 算术表达式

用算术运算符和括号将运算对象连接起来的符合 C 语法规则的式子，称为 C 算术表达式。运算对象包括常量、变量、函数等。下面是一个合法的 C 算术表达式：

```
a*b/c-1.5+'a'-sin(x)
```

算术表达式的值就是它的计算结果，算术表达式的类型就是它的计算结果的类型。

2.3.3 赋值运算符及赋值表达式

1. 一般赋值运算符及赋值表达式

在 C 语言中，“=”称为赋值运算符，它的作用是将一个表达式的值赋给一个变量。由赋值运算符将一个变量和一个表达式连接起来的式子称为赋值表达式。一般形式如下：

```
<变量名>=<表达式>
```

赋值运算符的结合性是“自右向左”，赋值运算符的左边必须是一个代表某一存储单元的变量名(或是具备变量性质的、代表某存储单元的表达式)，赋值运算符的右边可以是任意合法的 C 表达式。

赋值运算的功能是先求出右边表达式的值，然后再把此值赋给运算符左边的变量，也就是把数据放入以该变量名标识的存储单元中。例如：

```
a=10;           /* 把整型常量 10 赋给变量 a */
```

变量、变量值与存储单元的关系如图 2-8 所示。

在程序中，可以多次给一个变量赋值，每赋一次值，相应的存储单元中的数据就被更新一次，存储单元总是存放最后一次所赋的数据。

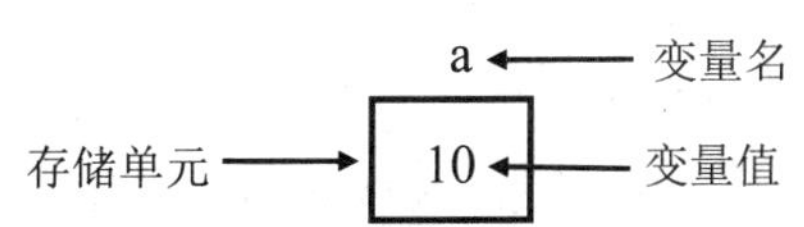

图 2-8 变量、变量值与存储单元的关系

提示：赋值运算符的优先级只高于逗号运算符，比其他任何运算符的优先级都低。如对于下列表达式：

```
s=13+2*/6-36/7
```

先计算赋值运算符右边表达式的值，再把计算的结果赋给变量 s。

赋值运算符右边的表达式可以是一个赋值表达式。例如：

```
a=b=5
```

是合法的。根据赋值运算符“自右向左”的结合性，它等价于 a=(b=5)，最终的结果是 a 和 b 都等于 5。

2. 复合赋值运算符及赋值表达式

在赋值运算符“=”之前加上其他的运算符，可以构成复合赋值运算符。C 语言共有 10 种复合运算符：+=、-=、*=、/=、%=为复合算术运算符，>>=、<<=、&=、^=、|=为复合位运算符。

复合运算符是两种运算符的结合，它包含两种运算：赋值运算、和赋值运算符复合的其他运算符的运算。

例如：

```
x+=10;                    /* 等价于 x=x+10 */
x%=3;                     /* 等价于 x=x%3  */
```

如果复合赋值运算符的右边是一个表达式，则相当于它含有一对括号。例如：

```
x*=y/10-25;               /* 等价于  x=x*(y/10-25); */
```

可以借助以下方法来理解其运算规则。

(1) 将“=”右侧的表达式用括号括起来：(y/10−25)。

(2) 将“=”左侧的内容“x*”移到右侧：x*(y/10−25)。

(3) 最后补上“=”左侧的变量名：x=x*(y/10−25)。

2.3.4 自增、自减运算符

C 语言提供了自增和自减运算符。

- 自增运算符++：功能是将变量的值加 1。
- 自减运算符--：功能是将变量的值减 1。

“++”和“--”运算符都是右结合方向的单目运算符，它们既可以作为变量的前缀，又可以作为变量的后缀。

例如：对于变量 x，++x、--x 表示“++”“--”作为变量 x 的前缀，x++、x--表示“++”“--”作为变量 x 的后缀。

粗略地看，++x 和 x++都是使 x 的值加 1，但是++x 和 x++的区别在于：++x 是先将 x 的值加 1，再使用变量 x；而 x++则是先使用变量 x，然后再将 x 的值加 1。例如下面的语句：

```
x=5;
y=++x;
```

执行完语句后，x 的值为 6，y 的值也为 6。

这是因为语句“y=++x;”等价于“x=x+1; y=x;”。

又如下面的语句：

```
x=5;
y=x++;
```

执行完语句后，x 的值为 6，y 的值为 5。

因为语句“y=x++;”等价于“y=x; x=x+1;”。

提示：“++”和“--运算符只能应用于变量，不能应用于常量或表达式。例如，12++、(i*j) --都是不合法的。

“++”“--”与单目运算符具有同一优先级，结合方向都是“自右向左”。因此，对于“-i++”要理解为“-(i++)”，而不能理解为“(-i)++”，这是因为(-i)是表达式，不能做“++”和“--”的操作对象。

2.3.5　关系运算符及关系表达式

1. 关系运算符

关系运算符用于关系运算。关系运算是对两个操作对象进行比较的运算，通过比较来判断两个操作对象之间是否存在一定的关系。

C 语言中的关系运算符共有 6 种，都是双目运算符，结合方向都是“自左向右”，如表 2-5 所示。

表 2-5　关系运算符及其含义和优先级

关系运算符	含　义	优先级
>=	大于等于	高
>	大于	
<=	小于等于	
<	小于	
==	等于	低
!=	不等于	

2. 关系表达式

用关系运算符将两个表达式连接起来的式子，称为关系表达式。

关系表达式的值是一个逻辑值，即“真”或“假”。关系表达式所表达的关系如果成立，其值为“真”；如果不成立，其值为“假”。

在 C 语言中没有专门的逻辑型数据，而是用 0 表示“假”，非 0 的值表示“真”，通常用 1 来表示“真”。

提示： 关系运算符连接的表达式可以是 C 语言中任意的合法表达式。

关系运算符的操作对象可以是字符型数据。如表达式'a'>'m'的结果为 0，因为字符在存储单元中是按照 ASCII 码存储的('a'的 ASCII 码为 97，'m'的 ASCII 码为 109)，因而字符型数据的关系运算比较的其实是它们的 ASCII 码。

若变量 x、y 都是实型数据，应当避免使用关系运算符“x==y”这样的表达式，因为通常存放在存储单元中的实型数据都是有误差的，因此不可能精确相等，这样会导致关系表达式的值总为 0。

2.3.6　逻辑运算符及逻辑表达式

1. 逻辑运算符

逻辑运算符用于逻辑运算，也就是“真”与“假”值的运算。C 语言提供的逻辑运算符及其含义和优先级如表 2-6 所示。

表 2-6　逻辑运算符及其含义和优先级

逻辑运算符	含　义	优先级
!	逻辑非	↑ 高
&&	逻辑与	
||	逻辑或	低

逻辑运算符中的“！”为单目运算符，其余都是双目运算符。

2. 逻辑表达式

用逻辑运算符将表达式连接起来的式子，称为逻辑表达式。逻辑表达式中的操作对象可以是 C 语言中任意合法的表达式。

逻辑运算符主要用于进一步明确关系表达式的关系，逻辑表达式的结果同关系表达式的结果一样，只有“真”或“假”。如表 2-7 所示为逻辑运算规则。

表 2-7　逻辑运算规则

A	B	A&&B	A||B	!A
真	真	真	真	假
真	假	假	真	假
假	真	假	真	真
假	假	假	假	真

表 2-7 中的 A、B 均可以是其他关系表达式。

对于由关系表达式和逻辑表达式组成的复杂表达式，为了提高运行速度，编译系统会对下列特殊的情况做不同的处理。

(1) (表达式 1) || (表达式 2)。

根据语法规则，只要(表达式 1)的值为真，无论(表达式 2)的值为何值，最终表达式“(表达式 1) || (表达式 2)”的结果都为真，编译器不会对(表达式 2)进行运算，但会检查其语法是否有错误。

例如：

```
int  x=10,y=20,z;
z=(x<y) || (--y);
printf("z=%d \n",z);
```

因为表达式(x<y)的结果为真，因而无论后面的表达式为何值，表达式(x<y)||(--y)的结果都为真，此时系统不会计算表达式(--y)，y 的值也不会减少，程序运行后的结果为 z=1、y=20。

(2) (表达式 1) && (表达式 2)。

根据语法规则，只要(表达式 1)的值为假，无论(表达式 2)的值为何值，最终表达式“(表达式 1) && (表达式 2)”的结果都为假，编译器不会对(表达式 2)进行运算，但会检查其语法是否有错误。

例如：

```
int  x=10,y=20,z;
z=(x>y) && (--y);
printf("z=%d \n",z);
```

因为表达式(x>y)的结果为假，因而无论后面的表达式为何值，表达式(x>y)&&(--y)的结果都为假，此时系统不会计算表达式(--y)，y 的值也不会减少，程序运行后的结果为 z=0、y=20。

2.3.7　位运算符及位运算

位运算是指二进制位的运算，主要针对整型和字符型数据而言。位运算符的属性如表 2-8 所示。

表 2-8　位运算符的属性

位运算符	含　义	类　型	结合性	优先级
~	按位取反	单目	自右向左	↑ 高
<<	位左移	双目	自左向右	
>>	位右移	双目	自左向右	
&	位与	双目	自左向右	
^	位异或	双目	自左向右	
|	位或	双目	自左向右	低

位运算的结果只有 0 或 1，位运算的规则如表 2-9 所示。

表 2-9　位运算的规则

A	B	A|B	A^B	A&B	~A	~B
1	1	1	0	1	0	0
1	0	1	1	0	0	1
0	0	0	0	0	1	1
0	1	1	1	0	1	0

关于位运算的详细内容，将在第 12 章中详细介绍。

2.3.8　条件运算符及条件表达式

条件运算符是 C 语言中唯一的三目运算符。由条件运算符和运算对象构成的表达式称为条件表达式，条件运算符由“?”和“:”组成，其结合方向是“自右向左”，一般形式如下：

```
表达式 1? 表达式 2:表达式 3;
```

条件表达式的运算过程为：先计算“表达式 1”的值，如果“表达式 1”的值为真(非0)，则“表达式 2”被求值，此时“表达式 2”的值就是整个条件表达式的值；如果“表达式 1”的值为假(0)，则“表达式 3”被求值，此时“表达式 3”的值就是整个条件表达式的值。

【实例 2-3】 条件表达式示例。

```
#include<stdio.h>
void  main()
{
    int a=12,b=24,c;
    c=a>b ? a+b : a-b;
    printf("c=%d\n",c);
    system("pause");
}
```

程序运行结果：

```
c=-12
```

条件表达式是可以嵌套使用的，当多个条件表达式嵌套使用时，每个后续的“:”总是与前面最近且没有配对的“?”相联系。例如：

```
a>b ? a: c>d ? c:d
```

相当于：

```
a>b ? a: (c>d ? c:d)
```

如果 a=6、b=8、c=12、d=24，则条件表达式的值为 24。

2.3.9　逗号运算符及逗号表达式

逗号表达式是由逗号“,”将两个表达式连接起来组成的一个表达式。逗号表达式的一般形式如下：

```
表达式 1,表达式 2,…,表达式 n;
```

逗号表达式的求解过程为：先计算“表达式 1”，再计算“表达式 2”……直至计算“表达式 n”，整个表达式的结果就是“表达式 n”的值。

逗号表达式的运算优先级是最低的，结合方向是“自左向右”。

【实例 2-4】 逗号表达式示例。

```
#include<stdio.h>
void main()
{
  int x,y;
  y=(x=3*5,x*3,x+12);
  printf("y=%d\n",y);
  system("pause");
}
```

程序运行结果：

```
y=27
```

2.3.10　数据类型的转换

在 C 语言程序中，若出现包括不同类型的常量和变量的一个表达式，那运算结果会是什么呢？C 语言规定：不同类型的数据在参加运算时，要先转换成相同类型的数据，然后再进行运算。运算结果的类型就是转换后的类型。C 语言的数据类型转换分为系统自动进行的类型转换和强制类型转换。

1. 系统自动进行的类型转换

自动数据类型转换的规则：取值范围较小的类型向取值范围较大的类型转换，如图 2-9 所示。

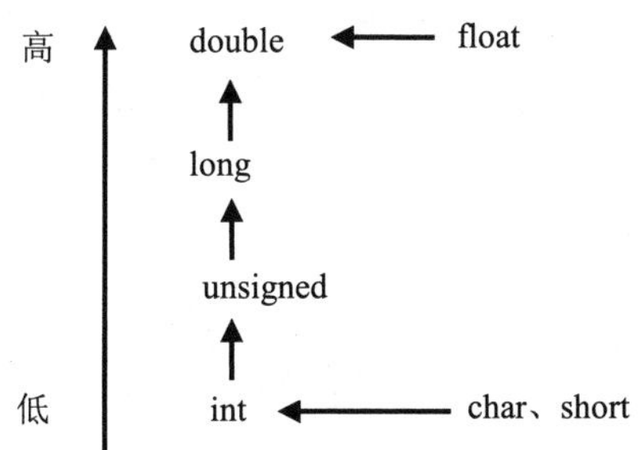

图 2-9　自动数据类型转换规则

提示：图 2-9 中指向左侧的箭头表示必须进行的转换。char、short 型数据必须要转换为 int 型，float 型数据必须要转换为 double 型。

纵向箭头表示当运算对象为不同数据类型时转换的方向，由低向高转换。例如，int 型数据与 double 型数据进行运算时，要先将 int 型转换为 double 型，然后两个 double 型数据进行运算，结果为 double 型。而不是 int 型先转换为 unsigned 型，再转换为 long 型，最后转换为 double 型。

【实例 2-5】 数据类型转换分析。计算表达式 120−'m'+24.67 的值。

(1) 计算 120−'m'：先将字符'm'转换为其 ASCII 码值 109，再计算 120−109，计算结果为 11。

(2) 计算 11+24.67：由于表达式中有实型数据，因此要先将 11 和 24.67 都转换为 double 型，再进行运算，结果为 35.670000。

2. 强制类型转换

自动类型转换是编译系统自动进行的，不需要用户干预。C 语言允许用户根据自己的需要将运算对象的数据类型转换为所需的数据类型。强制转换的形式如下：

```
(类型名) (表达式);
```

功能是强行将表达式的类型转换为所要求的类型。例如：

```
(int)4.2;              /*将实型数据 4.2 强行转换为整型，结果为 4*/
(float) (x+y);         /*将 x+y 的结果转换为 float 型*/
```

提示：强制类型转换之后，原来的变量或表达式的值并未发生改变。例如：

```
float a=3.14;
```

强制转换表达式(int)a 的数据类型为 int 型，结果为 3；而变量 a 的数据类型仍然是 float 型，值仍为 3.14。

2.4 综合应用实例

【实例 2-6】 将一个大写字母转换为小写字母并显示在屏幕上。

分析：在 ASCII 码表中，大写字母从 56 开始排列，小写字母排列在大写字母之后，小写字母的 ASCII 码值比相应的大写字母的 SACII 码值大 32，因此，将大写字母的 ASCII 码值加 32，所得结果就是其小写字母的 ASCII 码值。

程序如下：

```
#include<stdio.h>
void main()
 {
   char ch1,ch2;
```

```
    ch1='M';
    ch2=ch1+32;
    printf("ch2=%c\n",ch2);
    system("pause");
}
```

程序运行结果：

```
ch2=m
```

【实例 2-7】 n 是一个三位的正整数，计算其各位置上的数字之和。例如 n=123，则各位置上的数字之和为 1+2+3=6。

分析：将 n 的百位、十位、个位上的数字依次分解出来，再计算它们的和，具体步骤如下。

(1) 计算 n 的个位数。利用算术运算符“%”，计算 n 与 10 的余数，所得的结果就是 n 的个位数。

(2) 计算 n 的十位数。 用 n 除以 10，然后再与 10 求余数，所得的结果就是 n 的十位上的数字。

(3) 计算 n 的百位数。用 n 除以 100，得到的结果就是 n 的百位数。

程序如下：

```
#include <stdio.h>
void main()
{
    int n,g,s,b,sum;        /*n 表示要分解的整数， g 表示个位的数字，s 表示十位
                              的数字，b 表示百位的数字，sum 表示各位数字之和 */
    n=123;
    g=n%10;                 /* n 个位上的数字  */
    s=n/10%10;              /* n 十位上的数字  */
    b=n/100;                /* n 百位上的数字  */
    sum=g+s+b;
    printf("%d\n",sum);
    system("pause");
}
```

本 章 小 结

本章主要介绍了 C 语言的数据类型和各类运算符及表达式，这是编写 C 语言程序的基础。

C 语言的基本数据类型包括整型、实型和字符型，整型又分为基本整型、短整型、长整型，实型又分为单精度实型、双精度实型和长双精度实型。

C 语言的运算符包括：算术运算符、赋值运算符、逻辑运算符、关系运算符、逗号运算符、条件运算符、位运算符等，每一种运算符都有其结合方向和运算优先级。

C 语言的表达式是由不同的运算符和操作对象构成的。一个常量、变量都可以看作一个表达式。在运算混合表达式时，要按照运算符的优先级次序执行，当一个运算符两侧的

运算对象的数据类型不同时，系统会遵循“先转换，后运算”的原则，将数据自动转换为同一类型后再进行运算。

习　　题

一、选择题

1. 若变量 a 是整型数据，并执行了语句“a='A'+1.6;”，则正确的叙述是(　　)。

   A. a 的值为字符 C　　B. a 的值是浮点型

   C. 不允许字符型和浮点型相加　　D. a 的值为字符'A'的 ASCII 码值加 1

2. 下列变量定义中合法的是(　　)。

   A. int _a=1-0.1e-1;　　B. double b=1+5e2.5;

   C. long d0=123L;　　D. float 2_and=1-e-3

3. 已知各变量的类型定义如下：

```
int k,a,b;
long w=5;
double x=1.42;
```

   则以下不符合 C 语言语法的表达式是(　　)。

   A. x%(-3)　　B. w+=2

   C. k=(a=2,b=3,a+b)　　D. a+=a-=(b=4)*(a=3)

4. 字符型常量在内存中存放的是(　　)。

   A. ASCII 码　　B. BDC 码　　C. 内部码　　D. 十进制码

5. 下面错误的字符串常量是(　　)。

   A. ‘abc’　　B. “12’12”　　C. “0”　　D. “ ”

6. 若有“int n=7, sum=2;”，则计算表达式 sum=n++, sum++, ++n 后，sum 的值是(　　)。

   A. 7　　B. 8　　C. 9　　D. 10

7. 设“int x=1,y=1;”，表达式(!x||y--)的值是(　　)。

   A. 0　　B. 1　　C. 2　　D. -1

8. 以下选项中，与 k=n++完全等价的表达式是(　　)。

   A. k=n,n=n+1　　B. n=n+1,k=n

   C. k=++n　　D. k+=n+1

9. 能正确表达数学关系 10≤a<100 的表达式是(　　)。

   A. 10≤a<100　　B. (10<=a)&(a<100)

   C. (10<=a)||(a<100)　　D. (10<=a)&&(a<100)

10. 执行下列 C 语言程序段后，变量 b 的值是(　　)。

```
double a=1,b;
b=a+5/2;
```

A. 1　　B. 3　　C. 3.0　　D. 3.5

二、填空题

下列程序的功能是：计算圆的面积，已知半径 r=10。

```
#include<stdio.h>
void  main()
{
  ____①____r=10;
  ____②____ PI=3.1415926,area;          /* 声明语句 */
  area=r*r*PI;                          /* 计算圆面积 */
  printf("%f\n", ____③____);            /* 输出计算结果 */
  system("pause");
}
```

三、改错题

修改下列程序，使得在屏幕上输出 $1+\frac{2}{3}-\frac{3}{4}+\frac{4}{5}$ 的计算结果。下列程序在每一行“/***********ERROR************/”的下方有一处错误，请予以改正，程序的其他部分不得改动。

```
#include<stdio.h>
void main()
{
   /***********ERROR************/
    float sum;
    sum=1+2/3-3/4+4/5;
   /***********ERROR************/
    printf("%d",sum);
    system("pause");
}
```

四、编程题

1. 编写程序，计算表达式 $1-\frac{1}{2}+\frac{1}{3}-\frac{1}{4}+\frac{1}{5}$ 的计算结果。

2. 编写程序，将一个小写字母转换为大写字母。例如将小写字母 m 转换为大写字母 M。

3. 编写程序，计算梯形的面积。梯形面积的计算公式为：$S=\frac{a+b}{2}h$，假设 a=3，b=5，h=8。

第 3 章
顺序结构程序设计

【本章要点】

- 算法的概念
- 结构化程序设计的三种基本结构
- C 语言的基本语句
- C 语言的输入/输出库函数

【学习目标】

- 熟练掌握 C 语言的基本语句、输入/输出库函数的使用方法
- 能通过编写简单的顺序结构程序，解决基本的应用问题

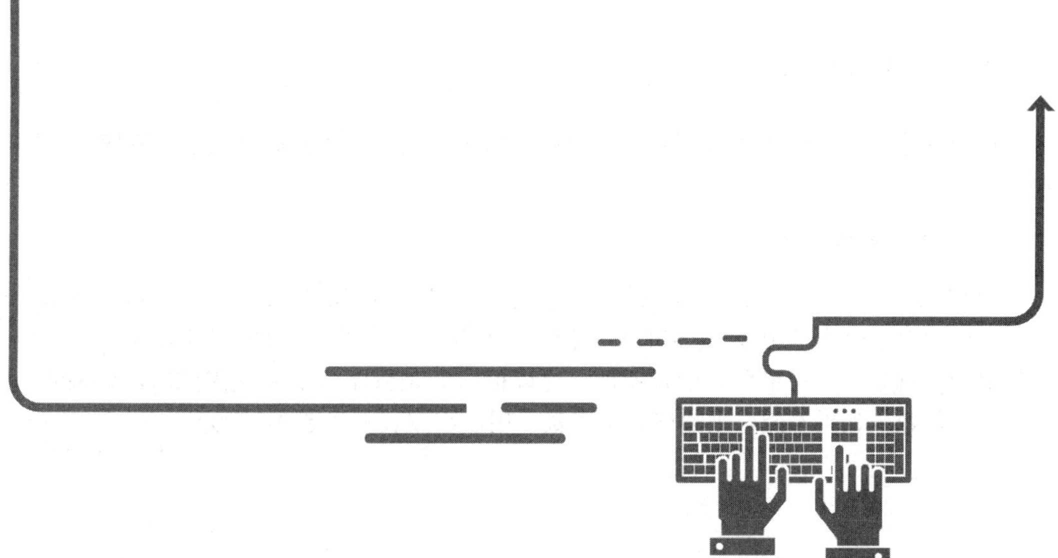

前面的章节介绍了 C 语言的基础知识，了解了简单的 C 语言程序，为编写一个正确的 C 程序做了语法准备；接下来，就是根据问题的要求，设计解题思路和具体步骤，并灵活运用 C 语言的语法来解决实际问题。

本章将介绍有关算法的概念、结构化程序设计思想以及最基本的 C 语句，引导读者开始着手编写 C 程序，为进一步深入学习 C 语言程序设计奠定基础。

3.1 算 法

3.1.1 算法的概念

程序是为了实现一定的逻辑功能，向计算机发出的操作指令的集合。通过程序设计，可以控制计算机的工作流程，从而完成某些任务。算法则是程序的逻辑抽象，是解决某类客观问题的过程和步骤。广义上，在程序设计中为了解决一个问题而采取的方法和步骤，就称为算法。

关于算法和程序的关系，著名的计算机科学家 N. Wirth 提出过一个公式：

数据结构+算法=程序

公式指出了结构化程序设计方法的两个主要方面，其中，数据结构(Data Structure)是对数据的描述，指程序中数据的类型和数据的组织形式；算法(Algorithm)是对操作的描述，指数据处理的操作步骤。通俗地说，程序中，数据结构确定了加工什么样的对象，算法则要指明对这些对象“做什么”和“怎么做”，计算机通过执行程序，将最终获得问题的解答。

在实际应用中，针对同一个问题，可以提出不同的算法。

例如，求 1+2+3+…+99+100 的结果，既可以采用从 1 到 100 依次累加的方式求和，也可以用 (1+99)+(2+98)+ … +(49+51)+100+50=50×100+50=5050 的方法求解，还可以用 (1+100)×100/2=5050 的方法得到结果。当然还有其他方法。可见，方法不同，计算的复杂度、求解的效率也不同。因此，在具体程序设计中，既要保证算法的正确性，也要考虑算法的效率。

3.1.2 算法的表示

设计算法时，应当通过适当的方式把思路描述出来，以便根据算法编写程序。下面简单地介绍常用的算法表示方法。

1. 用流程图表示算法

流程图由表示各种操作的图框和线条连接而成。ANSI(American National Standard Institute，美国国家标准协会)规定的常用流程图符号被普遍采用，如图 3-1 所示。

例如，判断一个正整数 n 的奇偶性，可以根据 n 是否能被 2 整除来判断，如果能，则输出 n 是偶数，如果不能，则输出 n 是奇数。用流程图表示如图 3-2 所示。

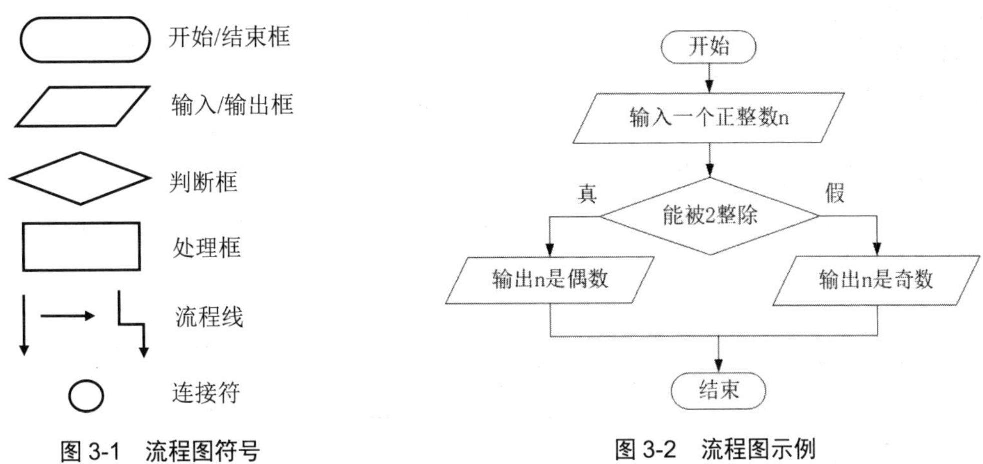

图 3-1　流程图符号　　　　图 3-2　流程图示例

用流程图表示算法，能形象直观地描述算法中的各种结构，有助于算法的理解和实现。

2. 用伪代码表示算法

伪代码(Pseudo Code)使用介于自然语言和计算机语言之间的符号与文字来描述算法，便于将其表示的算法向计算机程序代码转化。

例如，判断正整数 n 的奇偶性，可以用伪代码表示如下：

```
if  n 能被 2 整除
   print n 是偶数
else
   print n 是奇数
```

再如，求键盘输入的三个数中的最大值，可以用伪代码描述如下：

```
输入三个数 a,b,c
   max=a
if max 小于 b
   max=b
if max 小于 c
   max=c
print 最大值 max
```

用伪代码描述算法没有严格的语法规则限制，一般将程序设计语言中的关键字用英文表示，其他的则可用中文，以书写方便、清晰易懂为原则。

除了上述几种方法，还有 N-S 图、PAD 图等描述算法的方法，本书主要使用流程图来表示算法。

3.2　结构化程序设计的三种基本结构

C 语言是结构化的程序设计语言。在结构化程序设计中，主要采用顺序结构、选择结构和循环结构这 3 种基本结构作为算法的基本单元来编写程序。程序由若干个基本结构组成，每个基本结构包含一条或若干条语句。良好的结构可以使程序的逻辑清晰、层次分

明，能有效地保证程序的可靠性，增强程序的可读性。

(1) 顺序结构。顺序结构按语句书写的顺序自上而下地执行程序。如图 3-3 所示，指令 A、B 依次执行。

(2) 选择结构。也称为分支结构，对给定的条件 P 进行判断，然后依据判断结果决定执行或不执行哪些操作。如图 3-4 所示为选择结构的执行过程。

(3) 循环结构。在一定的控制条件 P 下反复执行某段指定代码的操作。如图 3-5 所示为循环结构的执行过程。

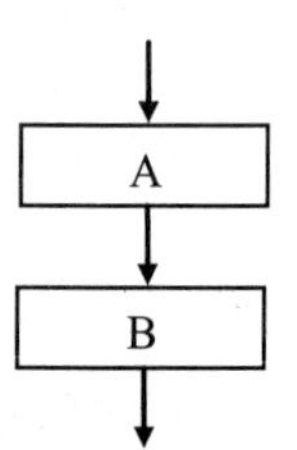

图 3-3　顺序结构的执行过程

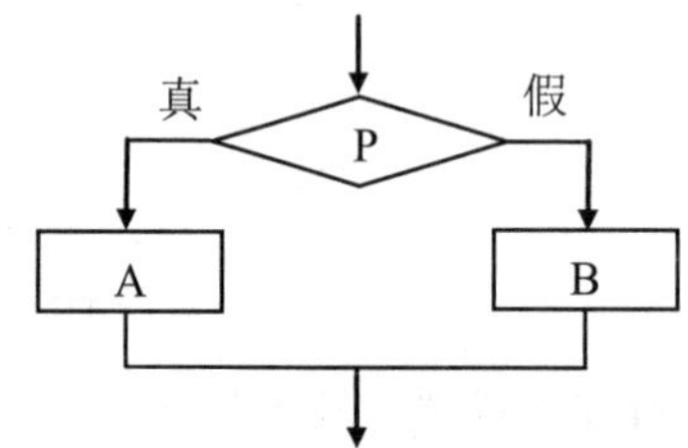

图 3-4　选择结构的执行过程

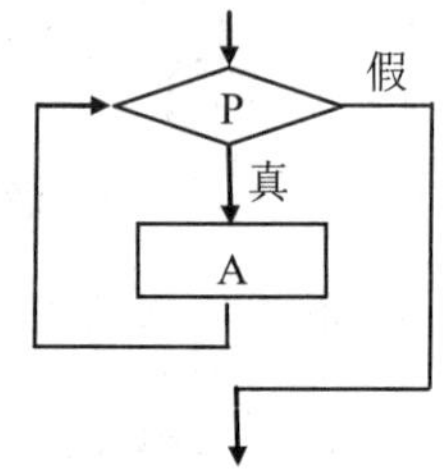

图 3-5　循环结构的执行过程

3.3　C 语言的基本语句

语句是程序的基本执行单位。从功能上，C 语言的语句可以分为操作运算语句和流程控制语句；从语法形式上，可以分为声明语句、表达式语句、函数调用语句、流程控制语句、空语句和复合语句。

1. 声明语句

声明语句用来对程序中的变量、常量、函数和构造类型进行定义和声明。例如：

```
int a,b;                            /*声明整型变量 a、b*/
int max(int x,int y);               /*声明自定义函数 max */
```

2. 表达式语句

表达式语句是由 C 语言中的表达式加分号构成的语句，在 C 语言中所有的操作运算都是通过表达式来完成的。最典型的表达式语句是由赋值表达式构成的赋值语句。例如：

```
a=8;                           /*给变量 a 赋值为 8*/
max=x>y?x:y;                   /*把条件表达式运算的结果赋值给变量 max */
sum=func(n);                   /*把函数 func()的返回值赋值给变量 sum */
```

3. 函数调用语句

函数调用语句由函数调用加分号构成。例如：

```
printf("Hello C program!\n");     /*调用库函数 printf()输出字符串
                                    "Hello C program!"*/
scanf("%d",&a);                   /*调用库函数 scanf()，将从键盘录入的十进制整
                                    数，存储到变量 a 中*/
```

4. 流程控制语句

流程控制语句用来描述语句的执行条件与执行顺序，可以实现结构化程序设计的 3 种基本结构，如图 3-6 所示。

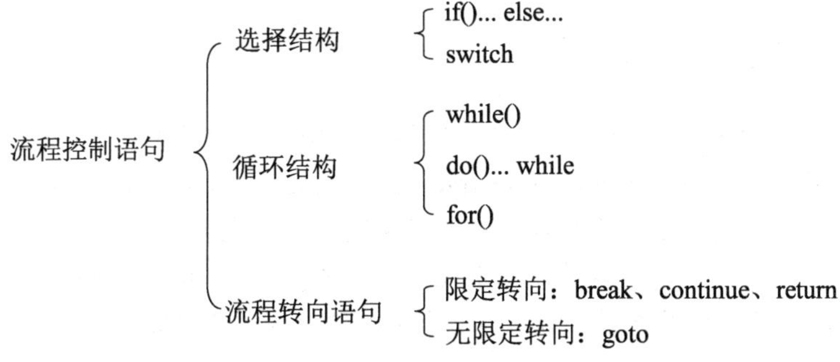

图 3-6　流程控制语句

5. 空语句

空语句是指只包含一个分号的语句，功能上没有任何操作。例如：

```
while(getchar()!='\n')
{ ; }                          /*  空语句 */
```

6. 复合语句

复合语句由一对花括号“{}”将多个语句括起来组成，逻辑上相当于一条语句。例如：

```
{
   …
   a=b+c;
   printf("a=%d\n",a);
   …
}
```

3.4　数据的输入/输出

3.4.1　数据输入/输出的概念

输入/输出是程序中最基本的操作。在讨论程序的输入/输出时，需要注意以下 3 点。

(1) 输入/输出是将计算机作为主体而言的。从计算机向输出设备(如显示设备、打印机等)输出数据称为输出，从输入设备(如键盘、鼠标等)向计算机输入数据称为输入。

(2) C 语言的输入/输出操作是通过调用标准库函数实现的。常用的 C 语言函数库中的标准输入输出函数有：字符输入/字符输出函数 getchar()/putchar()、格式输入/输出函数 scanf()/printf()、字符串输入/字符串输出函数 gets()/puts()。

(3) 在使用系统库函数时，需要通过预处理命令#include 将标准输入/输出头文件stdio.h包含到用户源文件中，格式为：

```
#include<stdio.h>
```

或者

```
#include"stdio.h"
```

提示：#include 预处理命令一般写在程序开头的位置。

stdio 是 Standard Input & Output 的缩写，h 为 head 的缩写。stdio.h 头文件包含了与标准输入/输出库函数有关的变量定义和宏定义。

使用“<>”时，编译器从系统的标准库目录开始搜索头文件；使用双引号时，编译器将从用户的工作目录开始搜索，如果没有找到，再去系统的标准库目录中搜索。

3.4.2 字符输入/输出函数

字符输入/输出是针对单个字符型数据的输入/输出操作，C 语言提供了专门的字符输入/输出函数。

1. getchar()函数

getchar()函数用于从键盘上读入一个字符，以回车结束输入。在回车前输入的所有字符都会逐个显示在屏幕上，但只有第一个字符作为函数的返回值。其一般调用格式如下：

```
getchar();
```

2. putchar( )函数

putchar()函数用于向标准输出设备输出一个字符。其一般调用格式如下：

```
putchar(ch);
```

其中，ch 为一个字符变量或常量。该函数的作用等同于：

```
printf("%c",ch);
```

【实例 3-1】 字符的输入和输出示例。

```
#include <stdio.h>
void main()
{
    char ch;
    ch=getchar();                    /*输入一个字符赋予变量 ch*/
    putchar(ch);                     /*显示字符变量 ch 的值*/
    system("pause");
}
```

程序运行结果：

```
x↵
x
```

3.4.3　格式输出函数 printf( )

格式输出函数的作用是按控制字符串指定的格式输出数据。

1. 一般形式

```
printf(格式控制, 输出表列);
```

2. 说明

(1) “格式控制”是用双引号括起来的一个字符串，也称“转换控制字符串”，简称“格式字符串”。它包括以下两点信息。

① 格式声明。格式声明由“%”和格式字符组成，如%d、%f、%c 等。它的作用是指定输出格式，常用的格式字符如表 3-1 所示。

表 3-1　printf()格式字符

符　号	作　用	符　号	作　用
d, i	输出十进制有符号整数	p	输出指针(地址)的值
u	输出十进制无符号整数	E, e	输出指数形式的浮点数
f	输出浮点数	X, x	输出十六进制无符号整数
c	输出单个字符	o	输出八进制无符号整数
s	输出字符串	G, g	自动选择合适的表示法输出浮点数

② 普通字符。普通字符即在输出时原样输出的字符。

(2) “输出表列”是程序需要输出的数据，可以是常量、变量或表达式。例如

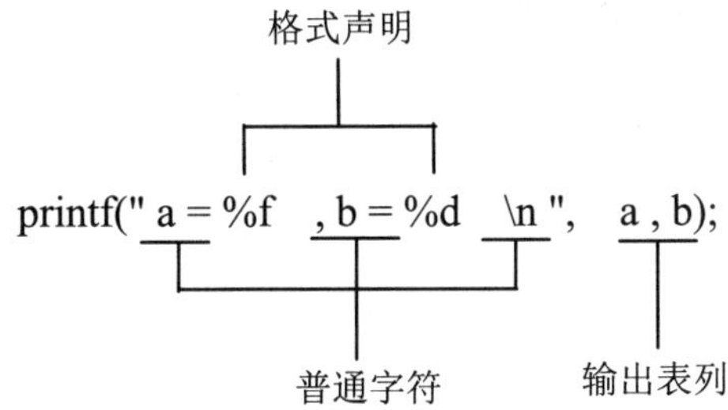

3. 修饰符

格式字符还可以搭配修饰符，用于确定数据输出的宽度、精度、小数位数、对齐方式等，产生更规范整齐的输出。修饰符如表 3-2 所示。

表 3-2　printf()修饰符

符　号	意　　义
l	用于长整型整数。如%ld、%lu、%lo、%lx 分别用于输出十进制、无符号、八进制、十六进制长整型整数
	用于输出双精度浮点数，如%lf、%le、%lg
m(正整数)	指定输出项输出时所占的列数。 若输出数据宽度小于 m 时，在域内右对齐，左端多余位补空格；若输出数据宽度大于 m 时，按实际宽度全部输出
.n(正整数)	指定输出的浮点数的小数位数，如%.nf
	指定从字符串左端开始截取的子串字符个数，如%.ns
0	输出宽度小于指定宽度时，左补 0
-	输出的数字或字符在域内左对齐

4. 常用格式字符使用说明

(1) d 格式符。用于输出十进制整数。例如：

```
a=123;
printf("%d\n",a);
```

输出结果：

```
123
```

(2) f 格式符。用于以小数形式输出实数(包括单精度型数据和双精度型数据)。例如：

```
float x=456.789;
printf("%f\n",x);
```

输出结果：

```
456.789001
```

(3) c 格式符。用于输出一个字符。例如：

```
char ch='*';
printf("%c\n",ch);
```

输出结果：

```
*
```

提示：printf 函数输出时，格式控制字符与输出对象之间在数量、位置、类型上必须一一对应，否则会出现错误。例如：

```
int a;
float b;
char c;
```

则输出时有以下对应关系：

```
printf("%d, %f, %c", a , b , c);
```

为了更好地在屏幕上描述计算结果，可以与格式控制字符搭配一些普通字符和转义字符等。例如：

```
printf("a=%d\n,b=%f,c=%c\t",a,b,c);
```

【实例 3-2】 数据输出格式示例。

```
#include<stdio.h>
void main()
{
    int a=1234,b=23456;
    char ch='A';
    float f=314.156;
    printf("1--按默认格式输出数据：\n");
    printf("a=%d,b=%d\n",a,b);
    printf("ch=%c,f=%f\n",ch,f);
    printf("--------------------------------\n");
    printf("2--按指定宽度输出字符：\n");
    printf("ch=%3c,ch=%03c\n",ch,ch);
    printf("--------------------------------\n");
    printf("3--按指定宽度输出整数：\n");
    printf("a=%3d,b=%7d\n",a,b);
    printf("a=%07d,b=%07d\n",a,b);
    printf("--------------------------------\n");
    printf("4--按指定宽度输出浮点数：\n");
    printf("f=%8.2f,f=%12.2e\n",f,f);
    system("pause");
}
```

程序运行结果：

```
1--按默认格式输出数据：
a=1234,b=23456
ch=A,f=314.156006
--------------------------------------------
2--按指定宽度输出字符：
ch=  A,ch=00A
--------------------------------------------
3--按指定宽度输出整数：
a=1234,b=  23456
a=0001234,b=0023456
--------------------------------------------
4--按指定宽度输出浮点数：
f=  314.16,f=   3.14e+002
```

【实例 3-3】 按对齐格式输出数据。

```
#include<stdio.h>
void main()
{
    int a=1234,b=23456;
    char ch='A';
    float f=314.156;
    printf("1--按左、右对齐、制表方式输出整数：\n");
    printf("a=%-6d,b=%-7d\n",a,b);
    printf("a=%6d,b=%7d\n",a,b);
    printf("a=%d\tb=%d\n",a,b);
    printf("--------------------------------\n");
    printf("2--按左、右对齐、制表方式输出字符：\n");
    printf("ch=%-3cch=%3c\tch=%c\n",ch,ch,ch);
    printf("--------------------------------\n");
    printf("3--按左、右对齐、制表方式输出浮点数：\n");
    printf("f=%-8.2f,f=%-12.2e\n",f,f);
    printf("f=%8.2f,f=%12.2e\n",f,f);
    printf("f=%f\tf=%e\t\n",f,f);
    system("pause");
}
```

程序运行结果：

```
1--按左、右对齐、制表方式输出整数：
a=1234  ,b=23456
a=  1234,b=  23456
a=1234  b=23456
--------------------------------
2--按左、右对齐、制表方式输出字符：
ch=A  ch=  A      ch=A
--------------------------------
3--按左、右对齐、制表方式输出浮点数：
f=314.16  ,f=3.14e+002
f=  314.16,f=   3.14e+002
f=314.156006    f=3.141560e+002
```

3.4.4 格式输入函数 scanf( )

格式化输入函数 scanf()的功能是从键盘上按指定的格式输入数据，并将输入数据的值赋给相应的变量。

1. 一般形式

```
scanf(格式控制,地址表列)
```

2. 说明

(1) “格式控制”的含义与 printf( )函数相同，由普通字符和格式字符组成，用来指定

输入的格式。

(2) “地址表列”是由若干个地址组成的表列，可以是变量的地址，或字符串的首地址。

scanf()函数的格式字符如表 3-3 所示。

表 3-3　scanf()格式字符

符　号	作　用	符　号	作　用
d, i	输入十进制有符号整数	s	输入字符串
u	输入十进制无符号整数	E, e, G, g	输入指数形式的浮点数
f	输入浮点数	X, x	输入十六进制无符号整数
c	输入单个字符	o	输入八进制无符号整数

3. 修饰符

各修饰符是可选的，scanf()的修饰符如表 3-4 所示。

表 3-4　scanf()修饰符

符　号	意　义
l	输入长整型整数。如%ld、%lu、%lo、%lx 分别用于输入十进制、无符号、八进制、十六进制长整型数
	用于输入双精度浮点数，如%lf
m (正整数)	指定输入整型数据的宽度。当输入的数据宽度大于 m 时，系统只截取前 m 位，如%md
*	按规定的格式输入但不赋予相应的变量，即舍弃该数，如%*d、%*f

提示：

(1)　scanf()函数中的“地址表列”中应当是地址，而不能是变量名。例如：

```
int a;
scanf("%d",&a);
```

而不能写为：

```
scanf("%d",a);
```

(2)　输入数值时，在两个数值之间要有分隔符，以便系统能够区分开两个数值。例如：

```
int a,b;
scanf("%d%d",&a,&b);
```

则输入格式为：

```
12 4                    /* 输入的数据之间以空格或制表符作为分隔符  */
```

(3) 如果在“格式控制”里含有普通字符，则输入数据时应在对应的位置上输入这些普通字符。例如：

```
int a,b;
scanf("a=%d,b=%d",&a,&b);
```

则输入格式为：

```
a=12,b=23
```

(4) 如果输入的实数为 double 型，则控制字符必须使用%lf。例如：

```
double num;
scanf("%lf",&num);
```

(5) 如果在输入整数时规定了数据的宽度，则实际输入的数据不得超过规定的宽度，否则系统会截取数据。例如：

```
int a;
scanf("%3d",&a);
```

若输入格式为：

```
12345
```

则变量 a 的实际值为 123，而不是 12345。

(6) 输入实数时，格式控制字符中不得含有规定精度的修饰符。例如：

```
float x;
scanf("%5.2f",&x);
```

这是错误的。

【实例 3-4】 格式输入函数的使用。

```
#include <stdio.h>
void main()
{
    int a,b;
    float c,d;
    printf("请输入变量 a 和 b 的值: ");
    scanf("%d%d", &a, &b);
    printf("请输入变量 c 和 d 的值: ");
    scanf("%f,%f", &c, &d);
    printf("a=%d  b=%d\n",a,b);
    printf("c=%f  d=%f\n",c,d);
    system("pause");
}
```

程序运行结果：

```
请输入变量 a 和 b 的值: 3 5 ↵
请输入变量 c 和 d 的值: 1.2,5.6 ↵
a=3  b=5
c=1.200000  b=5.600000
```

3.5　综合应用实例

【实例 3-5】 输入整数 x、y、z 的值，计算 w=5x+3y+4z 的值。

分析：要想求出 w 的值，必须知道 x、y、z 的值。所以本题的计算分解为以下 4 个步骤。

第 1 步：定义变量。

第 2 步：变量赋值。

第 3 步：把数学表达式转化成合法的 C 语言表达式。

第 4 步：计算并输出运算的结果。

程序如下：

```
#include <stdio.h>
void main()
{
    int  w,x,y,z;                        /* 定义变量 */
    printf("请输入 x,y,z 的值:");         /* 提示信息 */
    scanf("%d%d%d",&x,&y,&z);            /* 输入数据 */
    w=5*x+3*y+4*z;                       /* 代入表达式计算 */
    printf("w=%d\n",w);                  /* 输出计算结果 */
    system("pause");
}
```

程序运行结果：

```
请输入 x,y,z 的值：6 1 9 ↵
w=69
```

【实例 3-6】 从键盘输入一个小写字母，将其转换成大写字母并输出。

分析：在 ASCII 码表里，大写字母排位在先，小写字母排位在后，大写字母的 ACSII 码值比对应小写字母的 ASCII 码值小 32。因此，通过加、减 32 的算术运算，可以完成大、小字母之间的转化。本题的计算分解成以下 4 个步骤。

第 1 步：定义字符型变量。

第 2 步：输入一个小写字母。

第 3 步：数据处理，即大小写字母的转换。

第 4 步：输出转换后的结果。

程序如下：

```
#include <stdio.h>
void main()
{
    char ch;                                    /*定义声明*/
    printf("请输入一个英文小写字母：");          /*输入数据*/
    scanf("%c",&ch);
    ch=ch-32;                                   /*将小写字母转换为大写字母 */
    printf("转换成大写字母：%c\n",ch);           /*输出结果*/
```

```
    system("pause");
}
```

【实例 3-7】 输入一个华氏温度，要求输出摄氏温度，结果保留两位小数。计算公式如下：

$$摄氏温度=\frac{5}{9}(华氏温度-32)$$

分析：设定华氏温度为整数值，通过键盘输入值，再通过运算表达式计算，最后输出计算结果。可以分解为以下 4 个步骤。

第 1 步：定义变量 f、c，分别表示华氏温度及转换后的摄氏温度。

第 2 步：输入 f 的值。

第 3 步：计算摄氏温度。

第 4 步：保留两位小数输出计算结果。

程序如下：

```
#include <stdio.h>
void main()
{
    int f;
    float c;
    printf("请输入华氏温度值：");
    scanf("%d",&f);                          /*输入华氏温度*/
    c=5.0*(f-32)/9;
    printf("摄氏温度值为：%.2f\n",c);
    system("pause");
}
```

【实例 3-8】 按照规定格式输入一个日期，并在屏幕上输出其中的年、月、日。例如，输入：

```
Input the date(M/D/Y): 10/23/2017
```

则输出：

```
Year:2018
Month:10
Day:23
```

分析：可以将年、月、日均看作是整数，录入格式中的“/”可以看作是格式控制中的普通字符。可以分解为以下 3 个步骤。

第 1 步：定义 3 个整型变量 year、month、day。

第 2 步：通过键盘输入 year、month、day 的值。

第 3 步：输出对应的 year、month 和 day 的值。

程序如下：

```
#include <stdio.h>
void main()
{
   int year,month,day;                          /*定义变量 */
```

```
    printf("Input the date(M/D/Y):");
    scanf("%d/%d/%d",&month,&day,&year);     /*输入数据 */
    printf("Year:%d\nMonth:%d\nDay:%d\n",year,month,day);
    system("pause");
}
```

【实例 3-9】 互换两个对象的值。

分析：对变量来说，一旦接受新值，就会失去原有的值。因此，想要交换两个变量的值，可以借助一个临时变量进行周转，实现两个变量值的交换。交换过程如图 3-7 所示。解题过程分解为以下 4 个步骤。

第 1 步：定义 3 个整型变量 a、b、t。

第 2 步：通过键盘输入 a、b 的值。

第 3 步：数据交换。先将 a 的值赋予变量 t，再将 b 的值赋予 a，最后将 t 的值赋予 b。

第 4 步：输出 a、b 的结果。

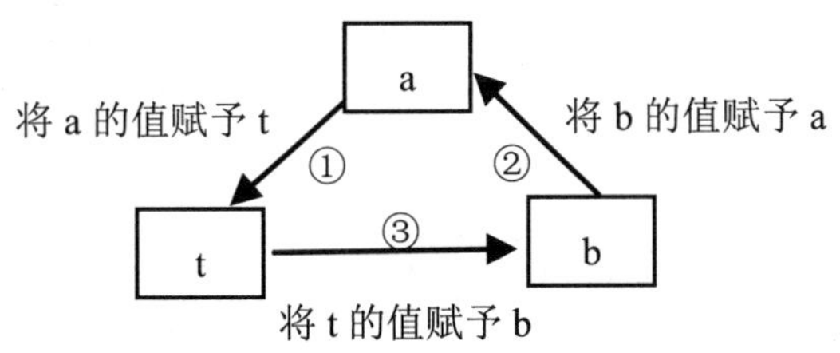

图 3-7　两个变量交换值的过程

程序如下：

```
#include <stdio.h>
void main()
{
    int a,b,t;                              /*定义变量 */
    printf("请输入两个整数：");
    scanf("%d%d",&a,&b);                   /*输入数值 */
    t=a;                                   /*将 a 的值赋予 t */
    a=b;                                   /*将 b 的值赋予 a */
    b=t;                                   /*将 t 的值赋予 b */
    printf("a=%d,b=%d\n",a,b);
    system("pause");
}
```

【实例 3-10】 编写一个程序，将键盘输入的两个两位正整数 a、b 重新组合成 c。组合方式是：a 的十位数是 c 的千位数，a 的个位数是 c 的十位数，b 的十位数是 c 的百位数，b 的个位数是 c 的个位数。如：a=12，b=45，则 c=1425。

分析：定义整型变量 a、b、c、a1、a2、b1、b2，从键盘输入两个两位正整数 a、b，并分别计算 a 和 b 的十位数(分别用 a1、b1 表示)、个位数(分别用 a2、b2 表示)，然后计算 c 的值；最后输出计算结果。因此，可以将问题分解为以下 4 个步骤。

第 1 步：定义变量 a、b、c、a1、a2、b1、b2。

第 2 步：输入两个两位的正整数 a、b。

第 3 步：代入表达式进行计算。

第 4 步：输出计算结果。

程序如下：

```
#include<stdio.h>
void main()
{
    int a,b,a1,a2,b1,b2,c;
    printf("请输入两个两位正整数 a,b：");
    scanf("%d,%d",&a,&b);
    a1=a/10;                                /* 计算 a 的十位数 */
    a2=a%10;                                /* 计算 a 的个位数 */
    b1=b/10;                                /* 计算 b 的十位数 */
    b2=b%10;                                /* 计算 b 的个位数 */
    c=a1*1000+b1*100+a2*10+b2;
    printf("c=%d\n",c);
    system("pause");
}
```

程序运行结果：

```
请输入两个两位正整数 a,b：12,45 ↵
c=1425
```

本 章 小 结

本章介绍了结构化程序设计的基本概念、三种基本结构、C 语言的基本语句和程序设计分析的基本方法。C 语言的输入/输出操作是由函数调用实现的，本章重点介绍了常用输入/输出函数 printf( )和 scanf( )的使用方法。

习 题

一、选择题

1. 若 x 和 y 均定义为 int 型，z 定义为 double 型，以下不合法的 scanf( )函数调用语句是(　　)。

   A. scanf("%d%d%lf",&x,&y,&z);　　B. scanf("%2d%d%lf",&x,&y,&z);

   C. scanf("%d%4d%lf",&x,&y,&z);　　D. scanf("%d,%d,%f",&x,&y,&z);

2. 有如下程序：

```
int a1,a2;
char c1,c2;
scanf("%d%c%d%c",&a1,&c1,&a2,&c2);
```

若要求 a1、a2、c1、c2 的值分别是 10、20、A、B，则正确的数据输入是(　　)。

A. 10A20B (回车)　　B. 10　A　20　B(回车)
C. 10　A20B(回车)　　D. 10A20　B(回车)

3. 已知有以下程序段:

```
int a=2,c=5;
printf("a=%%d,c=%d\n",a,c);
```

则输出结果是(　　)。

A. a=2,c=5　　B. a=%d,c=2　　C. a=%2,c=5　　D. a=%d,c=5

4. 以下程序段的执行结果是(　　)。

```
float a=3.1415;
printf("|%6.0f|\n",a);
```

A. |3.1415|　　B. |␣␣␣␣␣3|　　C. |␣␣␣␣3|　　D. |␣␣␣3.0|

5. 以下程序的执行结果是(　　)。

```
#include<stdio.h>
void main()
{
  printf("%f",2.5+1*7%2/4);
  system("pause");
}
```

A. 2.500000　　B. 2.750000　　C. 3.375000　　D. 3.000000

6. 以下程序段的执行结果是(　　)。

```
int a=1234;
printf("%3d",a);
```

A. 12　　B. 34　　C. 1234　　D. 提示错误，无结果

7. 有输入语句“scanf("a=%d,b=%d,c=%d",&a,&b,&c);”，为使变量 a 的值为 3，变量 b 的值为 7，c 的值为 5，从键盘上输入的数据的正确格式是(　　)。

A. 375 (回车)　　B. 3，7，5 (回车)
C. a=3,b=7,c=5 (回车)　　D. a=3　b=7　c=5 (回车)

8. 有如下程序段:

```
int a;
scanf("%3d",&a);
```

若运行时从键盘上输入 12345，则 a 的值应为(　　)。

A. a=12345　　B. a=123　　C. a=1234　　D. a=12

9. 以下程序段的执行结果是(　　)。

```
int i=010,j=10;
printf("%d,%d\n",++i,j--);
```

A. 11,10　　B. 9,10　　C. 010,9　　D. 10,9

10. 以下程序段的执行结果是(　　)。

```
int a=2;
char c='A';
printf("a=%d,c=%d\n",a,c);
```

A. 2,65　　B. a=2,c=A　　C. a=2,c=2　　D. a=2, c=65

二、填空题

1. 运行下列程序，使得程序的显示结果为：a=2,b='x',c='z'。

```
#include<stdio.h>
void main()
{
   int a,b,c;
   scanf("%d%d",____①____);
   c=a+b;
   printf("___②___",a,b,c);
   system("pause");
}
```

2. 下列程序在输入 x=1.23,y=50 并回车后，程序的运行结果为：x=1.230,y=50.00。

```
#include<stdio.h>
void main()
{
  ____①____x,y;
   scanf("x=%f,y=%f",&x,&y);
   printf("___②___",x,y);
   system("pause");
}
```

三、改错题

下列程序的功能是：从键盘输入两个浮点数，求和并输出结果。下列程序在每一行“/*********ERROR*********/”的下方有一处错误，请改正，程序的其他部分不得改动。

```
#include<stdio.h>
/*********ERROR*********/
void main()
{
    float a,b,sum;
    scanf("%f%f",a,b);
    /*********ERROR********/
    sum=a+b;
    printf("sum=%f\n",&sum);
    system("pause");
}
```

四、编程题

1. 编写一个程序，从键盘输入圆的半径，计算圆的面积，计算结果保留两位小数

输出。

2. 从键盘输入任意一个字符，输出其 ASCII 码值。

3. 从键盘输入一个三位正整数，将其逆序输出。例如，输入 456，则输出为 654。

4. 编写程序，在屏幕上输出由星号(*)组成的菱形图案。

```
   *
  ***
 *****
*******
 *****
  ***
   *
```

第 4 章
选择结构程序设计

【本章要点】

- if 语句的用法：

  （1）if(表达式）语句；

  （2）if(表达式)语句 1；

  else 语句 2；

- switch 语句的用法

【学习目标】

- 掌握用 if 语句实现选择结构程序设计的方法
- 掌握用 switch 语句实现多分支结构程序设计的方法

在顺序结构中，程序的流程是固定的，不能跳转，只能按照书写的先后顺序逐条逐句地执行。而在实际情况中，需要根据某个条件是否满足来决定是否执行指定的操作任务，或者从给定的两种或多种操作选择其一，这就是选择结构(也称分支结构)要解决的问题。例如从键盘输入一个整数，需要根据其是奇数还是偶数，输出对应的信息；再如输入 3 个正整数，判断这 3 个整数能否构成三角形，若能构成三角形，则进一步计算其面积，否则输出相应的提示信息。

选择结构程序的特点是：程序的流程由多路分支组成，在程序的一次执行过程中，根据不同的情况，只有一条支路被选中执行，其他分支上的语句被直接跳过。C 语言提供 if 语句和 switch 语句来实现选择结构。

4.1 if 语句

if 语句主要有两种形式，分别是单分支语句和双分支语句。

4.1.1 单分支语句

1. 一般格式

```
if(表达式) 语句;
```

2. 执行过程

该语句的执行过程如图 4-1 所示。先判断“表达式”的值，若值为真(非零)，则执行语句；否则不做任何操作。其中，“表达式”一般为条件表达式或逻辑表达式。

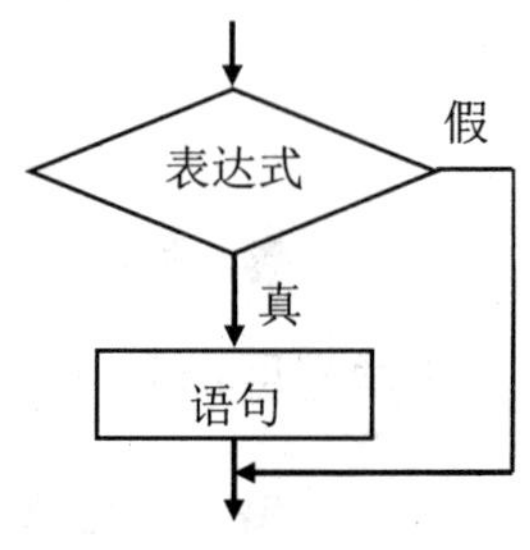

图 4-1 if 语句的执行过程

例如，以下程序语句实现的是：如果正整数 x 是偶数，则输出 x，否则不输出任何结果。

```
if(x%2==0)
    printf("%d",x);
```

【实例 4-1】 从键盘输入 3 个实数，输出其中的最大值。

分析：设定变量 a、b、c 分别表示待比较的 3 个数，变量 max 表示比较过程中当前的最大值。首先将 a、b、c 中的一个值赋予 max，然后用 max 和剩余的两个数依次进行比较，每次比较过程中，max 都要成为当前的最大值；最后比较完成后，max 就是 3 个数中的最大值。因此，可以将问题分解为以下 4 个步骤。

第 1 步：定义变量 a、b、c 及 max。

第 2 步：从键盘输入 a、b、c 的值。

第 3 步：首先将 a 的值赋予 max，然后将 max 与 b 和 c 依次进行比较。

第 4 步：输出 max 的值。

程序如下：

```
#include<stdio.h>
void main()
 {
   float  a,b,c,max;
   scanf("%f%f%f",&a,&b,&c);          /* 输入 a、b、c 的值 */
   max=a;                             /* 将 a 的值赋予 max */
   if(max<b) max=b;                   /* 若 max 小于 b，则将 b 的值赋予 max */
   if(max<c) max=c;                   /* 若 max 小于 c，则将 c 的值赋予 max */
   printf("max=%f\n",max);
   system("pause");
 }
```

程序运行结果：

```
1.2  34  12.45 ↵
max=34.000000
```

提示：仿照本题的解题思路，也可以判断出 3 个数中的最小值。请读者自行完成相应的程序。

4.1.2　双分支语句

1. 一般形式

```
if(表达式)
    语句 1;
else
    语句 2;
```

2. 执行过程

if...else 语句的执行过程如图 4-2 所示。先判断“表达式”的值，如果为真，执行“语句 1”，否则执行“语句 2”。

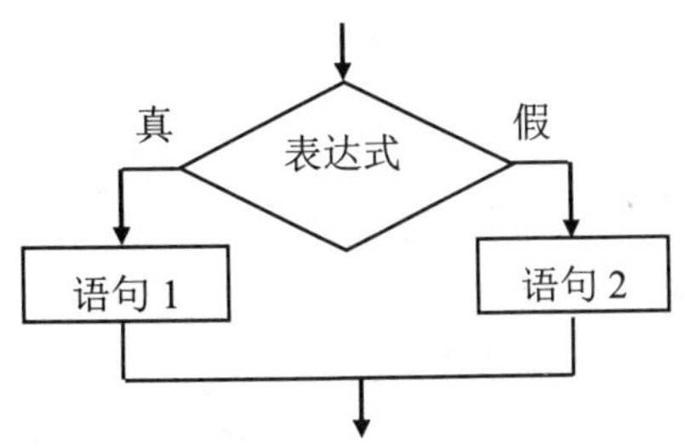

图 4-2　if...else 语句执行过程

【实例 4-2】 从键盘输入一个整数，判断该整数的奇偶性，并输出判断结果。

分析：一个整数 n 若能够被 2 整除，则 n 为偶数，否则为奇数。由此，判断整数 n 为偶数的条件表达式为 n%2==0，因此，本题可以分解为以下 3 个步骤。

第 1 步：定义变量 n。

第 2 步：输入数据 n。

第 3 步：数据处理和输出，如果整数 n 能被 2 整除，输出 n 是偶数，否则输出 n 是奇数。

程序如下：

```
#include<stdio.h>
void main()
{
    int n;
    printf("请输入一个正整数 n: ");
    scanf("%d",&n);                          /* 输入整数 n */
    if(n%2==0)                               /* 如果 n 能被 2 整除，n 为偶数 */
        printf("%d 是偶数\n",n);
    else                                     /* 否则，n 为奇数 */
        printf("%d 是奇数\n",n);
system("pause");
}
```

提示： 在关系运算符中，判断相等用“==”，而不是“=”。

若 if 或 else 下执行的语句多于一条时，必须用一对花括号括起来，组成复合语句。例如：

```
if(表达式)
{
    语句 1;
    语句 2;
    …
}
else
{
    语句 1;
    语句 2;
    …
}
```

4.2　if 语句的嵌套

if 语句的嵌套是指在 if 或 else 的分支下又包含其他 if 语句。if 语句的嵌套位置是灵活的，嵌套的层次原则上没有限制。

一般形式为：

```
if( )
   [if( )语句 1
    else 语句 2]
else
   [if( )语句 3
    else 语句 4]
```

其中，方括号括起来的部分是可选的。C 语言规定，在 if...else 的嵌套语句中，else 总是与离它最近的上一个 if 配对使用。

【实例 4-3】 计算分段函数的值。

$$y=\begin{cases}3-x & (x<0)\\ x+1 & (x=0)\\ x^2+10 & (x>0)\end{cases}$$

分析：从键盘输入 x 的值，然后判断 x 属于哪个取值范围，并代入相应的表达式进行计算。可用两种嵌套结构进行实现。

程序分别如下：

```
#include<stdio.h>
void main()
{
float x,y;
scanf("%f",&x);
if(x<0)
   y=3-x;
else
  if(x==0) y=x+1;
  else y=x*x+10;
printf("y=%f\n",y);
system("pause");
}
```

```
#include<stdio.h>
void main()
{
float x,y;
scanf("%f",&x);
if(x>=0)
  if(x>0) y=x*x+10;
  else y=x+1;
else
  y=3-x;
printf("y=%f\n",y);
system("pause");
}
```

提示：由于本题中 x 的取值范围可以看作 3 个相互独立的判断条件，因此从键盘输入的 x 的任意一个值，有且仅有一个条件能够满足。因此，本题也可以采用 3 个独立的 if 语句进行判断，语句不分先后。程序代码如下：

```
#include<stdio.h>
void main()
{
    float x,y;
    scanf("%f",&x);
    if(x>0)
       y=x*x+10;
    if(x==0)
       y=x+1;
    if(x<0)
       y=3-x;
    printf("y=%f\n",y);
    system("pause");
}
```

4.3　switch 语句

if 语句只有两个分支可供选择，当问题需要讨论的情况较多时，虽然可以使用嵌套的 if 语句实现，但是分支过多时程序会变得复杂冗长且可读性差，为此 C 语言提供了 switch 语句实现多分支选择结构。

1. switch 语句的一般格式

```
switch(表达式)
{
    case 常量表达式 1: 语句序列 1;
    case 常量表达式 2: 语句序列 2;
    …
    case 常量表达式 n: 语句序列 n;
    default: 语句序列 n+1;
}
```

说明：

(1) “表达式”可以为任何表达式，其值一般为整型、字符型或枚举类型。

(2) case 后面的语句序列如果省略不写，表示与后续 case 执行相同的语句。

(3) 每一个 case 的常量表达式的值必须互不相同。

(4) 各个 case 和 default 出现的次序不影响执行的效果。

(5) 若语句序列由若干条命令语句组成，可以不带花括号。

2. switch 语句的执行过程

首先计算“表达式”的值，然后逐个与其后的常量表达式的值相比较，当“表达式”的值与某个常量表达式的值相等时，则依次执行其后所有的语句序列。例如“表达式”的值不等于任何一个常量表达式的值，则执行 default 后面的语句。

switch 语句的执行过程如图 4-3 所示。

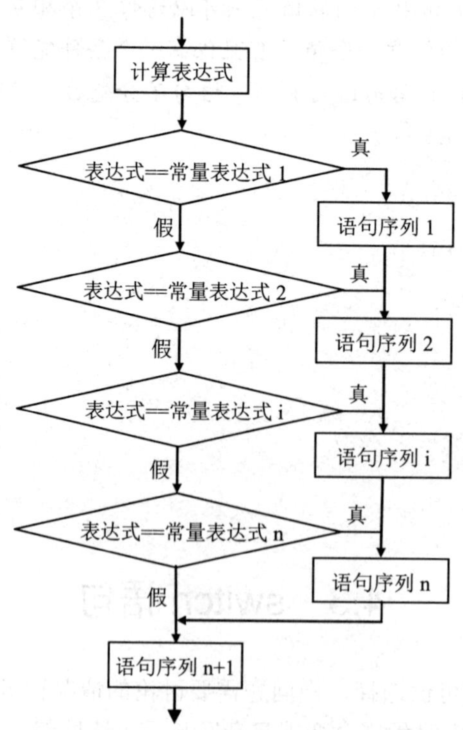

图 4-3 switch 语句的执行过程

【实例 4-4】 按照成绩的等级输出百分制成绩分数段。

分析：设定字符型变量 score 表示成绩的等级值，用字符‘A’‘B’‘C’‘D’分别代表百分制成绩分数段，其中‘A’代表 90～100，‘B’代表 70～89，‘C’代表 60～69，‘D’代表 0～59。

可以按照以下 3 步进行。

第 1 步：定义变量 score，表示成绩的等级值。

第 2 步：利用 switch 语句判断 score 相对应的百分制成绩分数段。

第 3 步：输出判断结果。

程序如下：

```
#include<stdio.h>
void main()
{
    char score;
    scanf("%c",&score);
    switch(score)
     {
       case 'A':
         printf("90-100\n");
       case 'B':
         printf("70-89\n");
       case 'C':
         printf("60-69\n");
       case 'D':
         printf("0-59\n");
       default:
         printf("error\n");
     }
    system("pause");
}
```

假定成绩 score 的值为‘A’，则将输出：

```
90-100
70-89
60-69
0-59
error
```

从程序运行结果来看显然与题意不符，因此，需要引入 break 语句来实现多分支的功能。

在 switch 语句中，如果在“表达式”的值等于 case 分支中某一常量表达式的值时，仅执行对应的语句序列，则应该在语句序列的后面加一条语句“break;”，构成相互独立的 switch 条件分支。

【实例 4-5】 修改实例 4-4 的程序。

分析：在实例 4-4 的程序中，在每个 case 分支的语句序列后追加 break 语句即可。

修改后的程序如下：

```
#include<stdio.h>
void main()
{
    char score;
    scanf("%c",&score);
    switch(score)
     {
       case  'A':
         printf("90-100\n");
         break;
       case  'B':
         printf("70-89\n");
         break;
       case  'C':
         printf("60-69\n");
         break;
       case  'D':
         printf("0-59\n");
         break;
       default :
         printf("error\n");
     }
system("pause");
}
```

程序运行结果：

```
A ↵
90-100
```


4.4　综合应用实例

【实例 4-6】 从键盘输入年份(4 位正整数)，判断并输出该年份是否为闰年。

分析：判断年份是闰年的条件是该年份能被 4 整除但不能被 100 整除，或者能被 400 整除。逻辑表达式为：(year%4==0 && year%100!=0 || year%400==0)。

程序如下：

```
#include<stdio.h>
void main()
{
     int year;
     scanf("%d",&year);
     if((year%4==0  && year%100!=0)||year%400==0)
        printf("%d is a leap year\n",year);
     else
        printf("%d is not a leap year\n",year);
     system("pause");
}
```

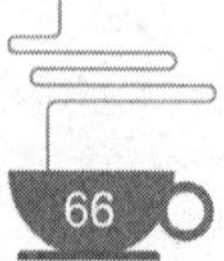

【实例 4-7】 求一元二次方程 $ax^2+bx+c=0$ 的实数解。

分析：定义整型变量 a、b、c 分别表示一元二次方程的三个系数。一元二次方程是否有实数解，取决于判断表达式 d=b*b-4*a*c 的取值范围。

- 当 d>0，有两个不同的实数解：$x_{1,2}=(-b\pm\sqrt{d})/(2*a)$。
- 当 d=0，有一个实数解：$x=-b/(2*a)$。
- 当 d<0，无实数解。

程序如下：

```
#include<stdio.h>
#include<math.h>
void main()
{
  int a,b,c,d;
  float x1,x2;
  scanf("%d%d%d",&a,&b,&c);
  d=b*b-4*a*c;
  if(d==0)                              /* d=0，只有一个实数解 */
    {
      x1=-b/(2.0*a);
      printf("x1=%f\n",x1);
    }
  else if(d>0)                          /* d>0，有两个实数解 */
    {
      x1=(-b+sqrt(d))/(2*a);
      x2=(-b-sqrt(d))/(2*a);
      printf("x1=%f,x2=%f\n",x1,x2);
    }
  else                                  /* d<0，没有实数解 */
     printf("无实数解\n");
  system("pause");
}
```

【实例 4-8】 已知三角形三边，利用海伦公式计算三角形的面积。

海伦公式：$area=\sqrt{s(s-a)(s-b)(s-c)}$，其中 $s=(a+b+c)/2$

分析：定义变量 a、b、c 分别表示三角形的三个边长，s 表示三角形周长的一半，area 表示三角形的面积。

构成三角形的条件是：任意两边之和大于第三边。因此构成三角形的逻辑表达式如下：

```
a>0 && b>0 && c>0
a+b>c && a+c>b && b+c>a
```

程序如下：

```
#include<stdio.h>
#include<math.h>
void main()
{
```

```
   int a,b,c;
   float s,area;
   scanf("%d%d%d",&a,&b,&c);                      /* 输入三个边长的值 */
   if(a>0 && b>0 && c>0)                          /* 边长的值均为正数 */
   {
      if(a+b>c && a+c>b && b+c>a)                 /* 判断能否构成三角形 */
        {
          s=(a+b+c)/2.0;                           /* 计算三角形的面积 */
          area=sqrt(s*(s-a)*(s-b)*(s-c));
          printf("area=%f\n",area);
        }
      else                                          /* 不构成三角形 */
        printf("not a triangle\n");
    }
   else                                             /* 边长的数值有负值 */
      printf("datas are error\n");
   system("pause");
}
```

【实例 4-9】 从键盘输入年份(4 位整数)和月份(2 位整数)，输出该月的天数。

分析：除了 2 月，其他月份的天数均与年份无关，1 月、3 月、5 月、7 月、8 月、10 月、12 月的天数为 31 天，4 月、6 月、9 月、11 月为 30 天；在输出 2 月的天数时，需要先判断年份是否为闰年，若为闰年，则输出 29 天，若为非闰年，则输出 28 天。

程序如下：

```
#include<stdio.h>
void main()
{
   int year,month,days;
   scanf("%d%d",&year,&month);
   switch(month)
   {
     case 1:
     case 3:
     case 5:
     case 7:
     case 8:
     case 10:
     case 12: days=31; break;
     case 4:
     case 6:
     case 9:
     case 11: days=30;  break;
     case 2:
       if((year %4==0 && year%100!=0)||year %400==0)
          days=29;
       else
          days=28;
       break;
     default: printf("month is error\n");
```

```
    }
    if(month>=1 && month<=12)
        printf("days=%d\n",days);
    system("pause");
}
```

【实例 4-10】 按照提示信息的指定格式(mm/dd/yyyy)输入两个日期，判断哪个日期更早。例如：

```
First date(mm/dd/yyyy): 3/12/2017↵
Second date(mm/dd/yyyy): 10/23/2015↵
```

则输出：

```
The earlier date is: 10/23/2015
```

分析：定义整型变量 y1、m1、d1 和 y2、m2 和 d2，分别代表两个日期中的年、月、日。首先比较两个日期的年份，年份小的代表其日期早；当年份相等时，比较月份，月份小的代表其日期早；当月份也相等时，再比较日期，日期小的代表其更早。

```
#include<stdio.h>
void main()
{
    int y1,m1,d1,y2,m2,d2;
    printf("First date(mm/dd/yyyy: ");
    scanf("%d/%d/%d",&m1,&d1,&y1);
    printf("Second date(mm/dd/yyyy: ");
    scanf("%d/%d/%d",&m2,&d2,&y2);
    if(y1<y2)
       printf("The earlier date is:%d/%d/%d\n",m1,d1,y1);
    else
       if(y1>y2)
          printf("The earlier date is:%d/%d/%d\n",m2,d2,y2);
       else
        if(m1<m2)
          printf("The earlier date is:%d/%d/%d\n",m1,d1,y1);
        else
           if(m1>m2)
          printf("The earlier date is:%d/%d/%d\n",m2,d2,y2);
           else
              if(d1<d2)
                printf("The earlier date is:%d/%d/%d\n",m1,d1,y1);
              else
                if(d1>d2)
                   printf("The earlier date is:%d/%d/%d\n",m2,d2,y2);
                else
                   printf("Two days are equals\n");
    system("pause");
}
```

程序运行结果：

```
First date(mm/dd/yyyy): 10/23/2013↵
Second date(mm/dd/yyyy): 3/10/2016↵
The earlier date is: 10/23/2013
```

本 章 小 结

本章主要介绍了 if 语句、if…else 语句和 switch 语句的使用方法。在使用嵌套的 if 语句时，要注意 if 与 else 的配对规则，else 总是和它前面最近的未配对的 if 相配对。

在使用 switch 语句实现多分支选择结构时，要根据题意确定在 case 后是否需要使用 break 语句。

习　　题

一、选择题

1. C 语言的 if 语句中，用作判断的条件表达式是(　　)。
   A. 任意表达式　B. 逻辑表达式　C. 关系表达式　D. 算术表达式
2. 以下错误的语句为(　　)。
   A. if(x>y);
   B. if(x=y)&&(x!=0) x+=y;
   C. if(x!=y) scanf("%d",&x) ; else(scanf("%d",&y);
   D. if(x<y) {x++;y++;}
3. 已知 “int a,b;”，对于以下 if 语句：

```
if(a=b) printf("a=b\n");
```

   在编译时，C 编译程序(　　)。
   A. 能指出该语句有语法错误
   B. 不能指出该语句有语法错误
   C. 编译正确，其功能是当 b 为 0 时，输出 “a=b”
   D. 以上都不对
4. 为了避免在嵌套的条件语句 if…else 中产生二义性，C 语言规定：else 子句总是与(　　)配对。
   A. 缩排位置相同的 if　　B. 同一行上的 if
   C. 其后最近的 if　　D. 其之前最近的 if
5. 以下程序的输出结果是(　　)。

```
#include<stdio.h>
void main()
 {
   int x=2,y=-1,z=2;
```

```
  if(x<y)
    if(y<0) z=0;
    else z+=1;
  printf("%d\n",z);
  system("pause");
}
```

A. 3　　B. 2　　C. 1　　D. 0

6. 若执行以下程序时从键盘输入 9，则输出的结果是(　　)。

```
#include<stdio.h>
void main()
{
  int n;
  scanf("%d",&n);
  if(n++<10) printf("%d\n",n);
  else printf("%d\n",n--);
  system("pause");
}
```

A. 11　　B. 10　　C. 9　　D. 8

7. 若 a、b 均是整型变量，则正确的 switch 语句是(　　)。

A. switch(a)
```
{  case 1.0: printf("i\n");
   case 2: printf("you\n");
}
```

B. switch(a)
```
{ case b: printf("i\n");
  case 1: printf("you\n");
}
```

C. switch(a)
```
{  case 1: printf("i\n");
   case 2*a: pritnf("you\n");
}
```

D. switch(a)
```
{  case 1: printf("i\n");
   case 2: printf("you\n");
}
```

8. 以下程序的运算结果为(　　)。

```
#include<stdio.h>
void main()
{
  int a=10,b=21,m=0;
  switch(a%3)
  {
    case 0: m++;break;
    case 1: m++;
      switch(b%2)
      {
        default:m++;
        case 0: m++;break;
      }
  }
  printf(“%d\n”,m);
```

```
  system("pause");
}
```

A. 1　　B. 2　　C. 3　　D. 4

9. 以下程序的运算结果为(　　)。

```
#include<stdio.h>
void main()
 {
  int x=1,a=0,b=0;
  switch(x)
   {
    case 0:b++;
    case 1:a++;
    case 2:a++;b++;
   }
  printf("a=%d,b=%d\n",a,b);
  system("pause");
}
```

A. a=2,b=1　　B. a=1,b=1　　C. a=1,b=0　　D. a=2,b=2

10. 以下程序的运算结果为(　　)。

```
#include<stdio.h>
void main()
 {
  float x=2.0,y;
  if(x<0.0) y=0.0;
  else if(x<10.0) y=1.0/x;
  else y=1.0;
  printf( "%f\n" ,y);
  system("pause");
}
```

A. 0.000000　　B. 0.250000　　C. 0.500000　　D. 1.000000

二、填空题

下列程序的功能是：从键盘输入一个整数，判断该数是否既能被 3 整除，又能被 7 整除。

```
#include<stdio.h>
 void main()
 {
  int x;
  scanf("%d", ____①____);
  if ( ____②____ )
     printf("%d 能被 3 和 7 整除",x);
 ____③____
    printf("%d 不能同时被 3 和 7 整除",x);
  system("pause");
 }
```

三、改错题

下列程序的功能是：从键盘输入一个字符，判断是数字字符、大写字母、小写字母还是其他字符。在每一行“/***********ERROR***********/”的下方有一处错误，请更正，程序的其他部分不得改动。

```
#include<stdio.h>
void main()
 {
    char ch;
    scanf("%c",&ch);
   /***********ERROR***********/
   if(ch>0 && ch<9)
      printf("it is a digit character\n");
   /***********ERROR***********/
   else if( ch>='A' || ch<='Z')
     printf("it is a Upper English character\n");
  /***********ERROR***********/
   else if(ch>="a" && ch<="z")
     printf(" it is a Lower English character\n");
   else printf("it is a other character\n");
   system("pause");
  }
```

四、编程题

1. 从键盘输入一个三位整数，判断该整数是否为水仙花数。水仙花数是指一个三位正整数，其各个位置上的数字的立方和仍等于该整数。例如，153 就是水仙花数，$153=1^3+5^3+3^3$。

2. 从键盘输入一个英文字母，若为小写字母，将其转换为大写字母；若为大写字母，将其转换为小写字母。

3. 计算下列分段函数的值。

$$y=\begin{cases} x+5 & (x\leqslant 10) \\ x-10 & (10<x\leqslant 50) \\ x^2-3x+1 & (x>50) \end{cases}$$

4. 从键盘输入 3 个整数，判断能否构成三角形以及三角形的形状(等边三角形、等腰三角形、直角三角形、一般三角形)。

5. 企业发放的奖金根据利润提成。

- 利润低于 5 万元时，奖金可按利润的 2%提成。
- 利润在 5 万到 15 万元之间时，高于 5 万的部分，按利润的 3.5%提成。
- 利润在 15 万到 50 万元之间时，高于 15 万的部分，按利润的 7.5%提成。
- 利润在 50 万元以上时，高于 50 万元的部分，按利润的 11.5%提成。

从键盘输入利润，计算应发放奖金总数。

6. 通过键盘输入 3 个数，按由大到小的顺序排列后输出结果。

第 5 章
循环结构程序设计

【本章要点】

- 循环结构的 for 语句、while 语句、do...while 语句的使用方法
- 循环嵌套的应用方法

【学习目标】

- 掌握 for 语句、while 语句和 do...while 语句的使用方法
- 掌握循环嵌套的应用方法

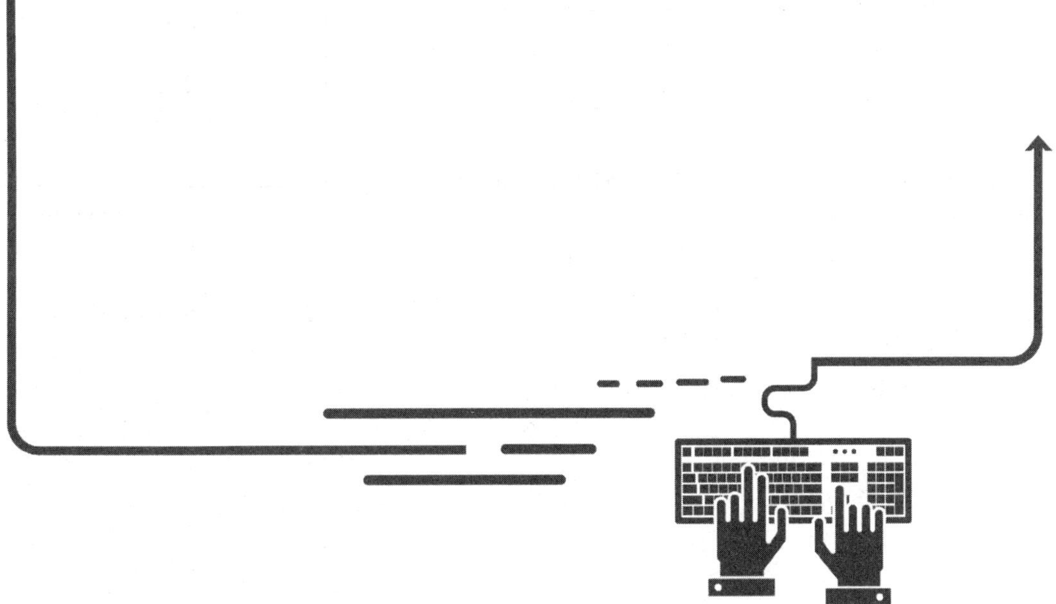

5.1　概　　述

循环是一种有规律的重复，是指对同一程序段重复执行若干次。实现循环的程序结构称为循环结构。使用循环结构可以避免重复编写代码，从而简化程序，提高程序的可读性和执行速度。

循环结构有两个重要的组成部分：循环条件和循环体。其中，循环条件是循环结构中的测试表达式，决定循环体是否继续执行；循环体是重复执行的语句。

C 语言提供了 3 种循环控制语句：while 语句、do…while 语句和 for 语句。

5.2　while 语句

5.2.1　while 语句的一般格式

```
while(表达式)
    循环体;
```

其中，“表达式”可以为任意合法的表达式，“循环体”中的语句可以是单个语句、空语句，也可以是复合语句。

5.2.2　while 语句的执行过程

计算表达式，当表达式的值为“真”(非 0)时，重复执行循环体，直到表达式的值为“假”(为 0)时，结束循环。

while 语句的执行过程如图 5-1 所示。

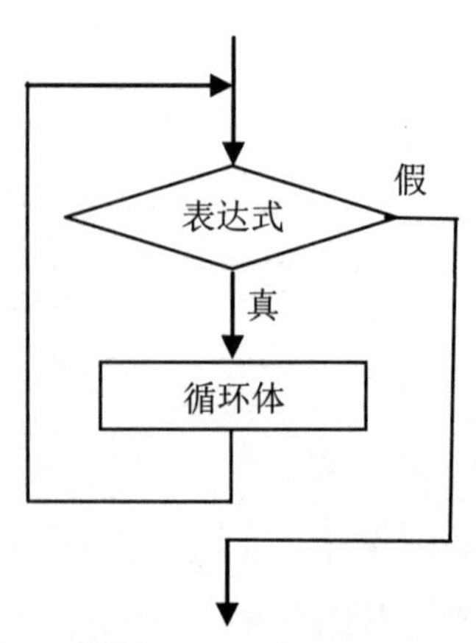

图 5-1　while 语句执行过程

【实例 5-1】 编程计算 1+2+3+…+100 的值。

分析：本题的特点是重复执行加法运算，将 1、2……等数逐个累加起来直至加到 100 为止。

定义变量如下。

(1) sum(也称累加器)，整型，存储累加和的值，初始值为 0。

(2) i，整型，存储所加的数，初始值为 1，其值的变化为 1，2，3，…，100，同时该变量也作为循环变量，表示重复执行加法运算的次数。

该程序的算法流程如图 5-2 所示。

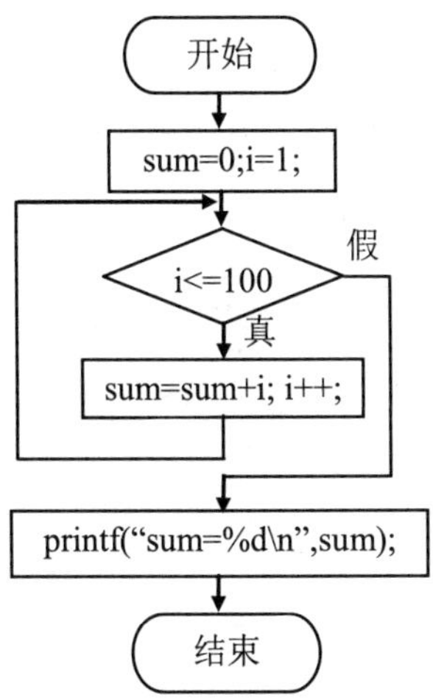

图 5-2　实例 5-1 的算法流程

程序如下：

```
#include<stdio.h>
void main()
{
    int i=1,sum=0;                              /* 定义并初始化变量 i、sum */
    while(i<=100)
        {
            sum=sum+i;                          /* 累加 i 的值 */
            i++;                                /* 取 i 的下一个值 */
        }
    printf("sum=%d\n",sum);
    system("pause");
}
```

程序运行结果：

```
sum=5050
```

提示：如果循环体包含多条语句，必须用花括号括起来，构成复合语句，否则循环体只包含 while 下面的第一条语句。如本例中，while 语句中如果没有花括号，则循环体语句仅为“sum=sum+i;”，则 i 永远为 1，就形成了“死循环”。

【实例 5-2】 从键盘输入若干个字符，直到输入特殊符号“#”为止(如输入“student#”)，统计输入字符的个数。

分析：利用 getchar( )函数一个一个接收字符，同时统计录入的字符的个数，直到输入字符“#”为止。

根据题意定义变量如下。

(1) ch，字符型，用来存储键盘输入的一个字符。

(2) count，整型，用来统计输入字符的个数，初始值为 0。

该程序的算法流程如图 5-3 所示。

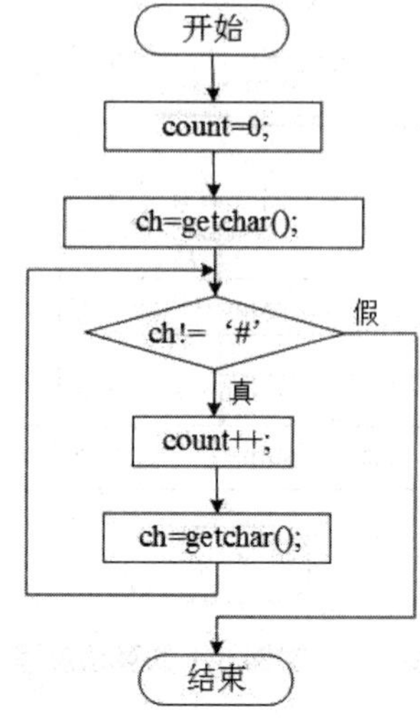

图 5-3　实例 5-2 的算法流程

程序如下：

```
#include<stdio.h>
void main()
{
      int  count=0;                    / *计数器初值为 0 */
      char ch;
      ch=getchar() ;                   / *输入第一个字符到变量 ch 中 */
      while(ch!='#')                   /* 如果输入的不是#，则进入循环体 */
       {
         count++;                      /* 统计输入的字符个数*/
         ch=getchar();                 /* 输入下一个字符*/
       }
      printf("\n 输入的字符总数是：%d\n",count);
      system("pause");
}
```

程序运行结果：

```
student# ↵
输入的字符总数是：7
```


5.3　do…while 语句

5.3.1　do…while 语句的一般形式

do…while 语句的一般形式如下：

```
do
{
```

```
  循环体;
} while(表达式);
```

提示： 无论循环条件是否成立，循环体至少执行一次。当循环体有多个语句时，必须加花括号“{ }”。

在 do…while 结构中，语句 “while(表达式);” 之后的分号不能少。

5.3.2　do…while 语句的执行过程

do…while 语句的执行过程是：先执行“循环体”，然后计算“表达式”，根据表达式的值是否为 0 决定是否继续执行循环体。

do…while 语句的执行流程如图 5-4 所示。

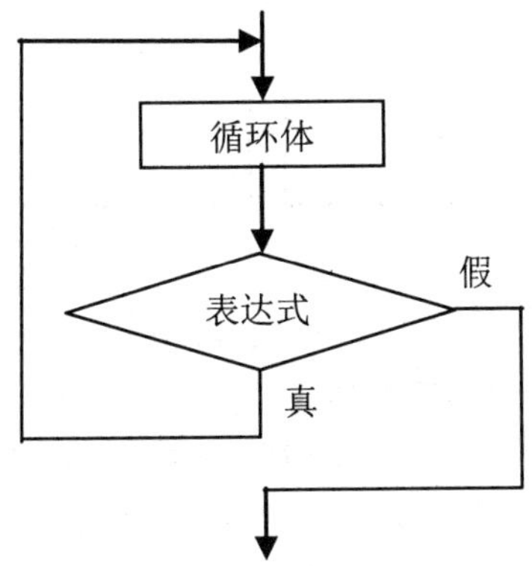

图 5-4　do…while 的流程

【实例 5-3】 用 do…while 语句编程计算 1+2+…+100 的值。

```
#include<stdio.h>
void main()
{
  int i=1,sum=0;
  do
  {
    sum=sum+i;          /* 累加 i 的值 */
    i++;                /* i 自增 1 */
  } while(i<=100);
    printf("sum=%d\n",sum);
    system("pause");
}
```

程序运行结果：

```
sum=5050
```

【实例 5-4】 while 和 do...while 循环的比较。

(1)
```
#include<stdio.h>
void main()
{
   int i=10,sum=0;
   while(i<10)
    {
       sum=sum+i;
       i++;
    }
   printf("sum=%d,i=%d\n",sum,i);
   system("pause");
}
```

执行结果：

```
sum=0,i=10
```

(2)
```
#include<stdio.h>
void main()
{
   int i=10,sum=0;
   do{
       sum=sum+i;
       i++;
   }while(i<10);
   printf("sum=%d,i=%d\n",sum,i);
   system("pause");
}
```

执行结果：

```
sum=10,i=11
```

提示：通常情况下，对于可以用 while 语句处理的问题，也可以用 do…while 语句处理。while 语句结构可以转换成 do…while 语句结构。

do…while 总是要先执行一次循环，再判断循环条件表达式的值。

在设计程序时，如果不知道重复执行的次数，而且第一次必须执行时，常采用 do…while 语句。

5.4 for 语句

for 语句比 while 语句更为灵活方便，不仅可以用于循环次数已经确定的情况，而且还可以用于循环次数不确定而只给出循环结束条件的情况。

5.4.1 for 语句的一般形式

```
for(表达式 1; 表达式 2; 表达式 3)
    循环体;
```

说明：

- “表达式 1”的作用是初始化循环控制变量，即为循环控制变量赋初值。
- “表达式 2”的作用是给出循环重复执行的判断条件。
- “表达式 3”的作用是给循环控制变量增值，即循环控制变量在每次循环结束后变化的方式。

5.4.2 for 语句的执行过程

(1) 执行“表达式 1”。
(2) 计算“表达式 2”，若值非 0(循环条件成立)，执行步骤(3)；否则，执行步骤(4)。
(3) 执行循环体语句，并计算“表达式 3”，然后转向步骤(2)。
(4) 结束 for 语句，继续执行后续的语句。

for 语句的执行流程如图 5-5 所示。

【实例 5-5】 计算 1+2+…+100 的值。

```
#include<stdio.h>
void main()
{
  int i,sum=0;                          /*定义循环变量 i、初始化 sum */
  for(i=1;i<=100;i++)
     sum=sum+i;                         /*累加求和*/
  printf("sum=%d\n",sum);
  system("pause");
}
```

运行结果：

```
sum=5050
```

提示：for 语句中的表达式 1，表达式 2、表达式 3 均可省略，但其间的分号不能省略。如实例 5-5 的 for 语句也可以写成以下形式：

```
int i=1,sum=0;
for(;i<=100;i++)
 {
    sum=sum+i;
 }
```

```
int i=1,sum=0;
for(;i<=100;)
 {
    sum=sum+i;
    i++;
 }
```

若表达式 2 省略，即循环条件始终为真，则构成无限循环，循环将无终止地进行下去，程序流程如图 5-6 所示。为使循环能正常结束，此时要在循环体内使用 break 语句终止循环。

例如：

```
i=1;
for( ; ; )                    / *相当于 for(;1;)*/
{
   sum+=i;
   i++;
   if(i>100)
     break;
}
```

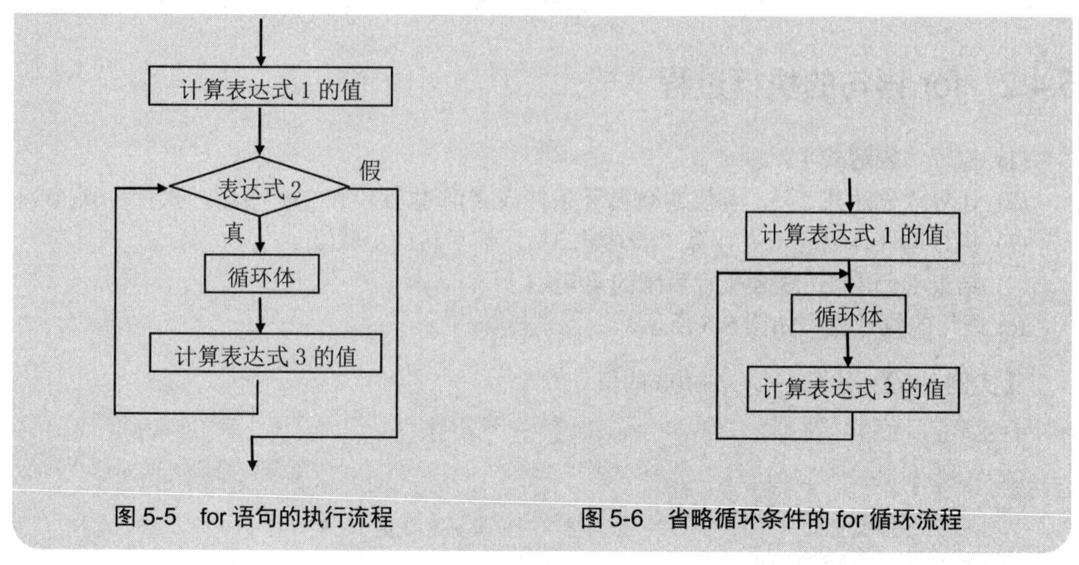

图 5-5　for 语句的执行流程

图 5-6　省略循环条件的 for 循环流程

5.5　循环的嵌套

若在一个循环内又包含另一个完整的循环结构，称为循环的嵌套。3 种基本循环结构(while 循环、do-while 循环和 for 循环)可以互相嵌套，理论上循环嵌套层数是没有限制的。如果是两层循环嵌套，称为双重循环；如果是三层循环嵌套，称为三重循环；如果是 N 层循环嵌套，可以称为 N 重循环。在实际编程中，过多的循环嵌套会影响程序的可读性和执行效率。

【实例 5-6】 在屏幕上输出如图 5-7 所示的乘法口诀表。

```
1*1=1
1*2=2  2*2=4
1*3=3  2*3=6   3*3=9
1*4=4  2*4=8   3*4=12  4*4=16
1*5=5  2*5=10  3*5=15  4*5=20  5*5=25
1*6=6  2*6=12  3*6=18  4*6=24  5*6=30  6*6=36
1*7=7  2*7=14  3*7=21  4*7=28  5*7=35  6*7=42  7*7=49
1*8=8  2*8=16  3*8=24  4*8=32  5*8=40  6*8=48  7*8=56  8*8=64
1*9=9  2*9=18  3*9=27  4*9=36  5*9=45  6*9=54  7*9=63  8*9=72  9*9=81
```

图 5-7　乘法口诀表

分析：乘法口诀表由 9 行 9 列构成，具体如下。

第 1 行，输出 1*1=1，换行。

第 2 行，输出 1*2=2，2*2=4，换行。

第 3 行，输出 1*3=3，2*3=6，3*3=9，换行。

第 i 行，输出 i 个表达式及换行，i 个表达式依次是：1*i=i，2*i=2i，3*i=3i，…，$i*i=i^2$，换行。

因此要输出九九乘法表，需要使用二重循环，外层循环的控制变量 i 表示输出的行数，从 1 到 9；内层循环的控制变量 j 表示输出的列数，从 1 到 i。

程序如下：

```
#include<stdio.h>
void main()
{
  int i,j;
  for(i=1;i<=9;i++)                                    /* 输出第 1 行到第 9 行 */
   {
     for(j=1;j<=i;j++)                                 /* 输出当前行的 1 到 i 列  */
        printf("%2d*%2d=%4d",j,i,i*j);                /* 输出每一行 i*j 的结果 */
     printf("\n");                                    /* 输出每行的换行符：*/
        }
       system("pause");
}
```

5.6　break 语句与 continue 语句

前面讨论了 C 语言的 3 种循环语句，即 for 循环、while 循环和 do…while 循环，这 3 种循环语句在执行的过程中都是当循环条件表达式的值为假时，就结束循环流程。在实际应用中，由于某种情况，有时需要在循环进行的过程中从本循环体中提前退出，或者返回本循环的首部开始新的一次循环等，因此 C 语言提供了 break 和 continue 语句，用于控制循环过程。

5.6.1　break 语句

break 语句可以用在循环语句和 switch 语句中，其作用是跳出控制结构语句，在循环语句中用来终止本层循环，执行本层循环结构外的下一条语句。通常 break 语句总是与 if 语句一起使用，即满足条件时便跳出本层循环结构。

break 语句的格式如下：

```
break;
```

【实例 5-7】 从键盘输入一个正整数 n(n>=3)，判断 n 是否为素数(质数)。

分析：素数是只能被 1 和自身整除的整数。判断整数 n 是否为素数，可以用 n 除以 2 到 $\sqrt{n}$ 之间的整数，如果 n 能被其中的一个整数整除，表明 n 不是素数；如果 n 不能被 2 到 $\sqrt{n}$ 中的任何一个整数整除，表明 n 是素数。

该程序的执行流程如图 5-8 所示。

程序如下：

```
#include<stdio.h>
#include<math.h>
void main()
{
   int i,n,k;
   scanf("%d",&n);
   k=sqrt(n);
   for(i=2;i<=k;i++)
      if(n%i==0) break;
   if(i>k)
      printf("%d是素数\n",n);
   else
      printf("%d不是素数\n",n);
      system("pause");
}
```

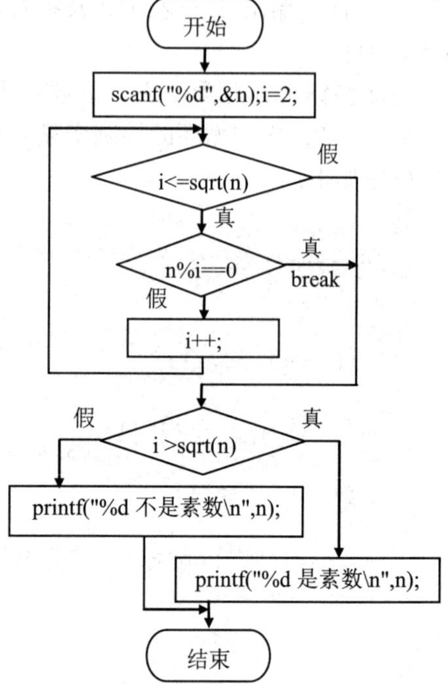

图 5-8　实例 5-7 流程图

程序运行结果：

```
17 ↵
17是素数
```

5.6.2　continue 语句

continue 语句不会终止循环，而是在本次循环体语句没有执行完的情况下，结束当前循环，提前进入下一次循环。

一般格式如下：

```
continue;
```

【实例 5-8】 输出 100～200 之间不能被 3 整除的数，并且每行输出 10 个数。

分析：设整型变量 i 来表示 100～200 之间的任意整数，整型变量 count 用来计数。判断整数 i 若不能被 3 整数，则输出 i，count 加 1，若 count 的值能被 10 整除，表明当前行已输出 10 个数，则输出换行符；若 i 的值能被 3 整除，则取 i 的下一个值继续判断。

程序的流程如图 5-9 所示。

程序如下：

```
#include<stdio.h>
void main()
{
  int i,count=0;
      /*count用来计数*/
  for(i=100;i<=200;i++)
```

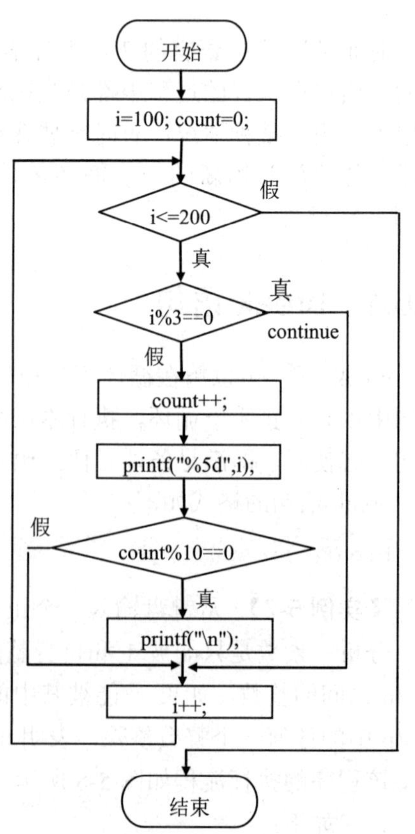

图 5-9　实例 5-8 程序的流程

```
  {
     if(i%3==0)
        continue;                      /*能被 3 整除的数跳过*/
     count++;
     printf("%5d",i);
     if(count%10==0)                   /*若 count 能被 10 整除，输出换行符*/
        printf("\n");
  }
   system("pause");
}
```

提示：程序中的循环体语句也可以使用以下语句：

```
if(i%3!=0)
 {
    count++;
    printf("%5d",i);
    if(count%10==0)  printf("\n");
 }
```

5.6.3　break 语句与 continue 的比较

break 语句和 continue 语句常常与 if 语句配合使用，达到控制循环的目的。

(1) break 语句强行结束循环，转向执行循环语句的下一条语句。该语句能应用于循环语句和 switch 语句中。

(2) continue 语句结束本次循环，继续进行下一次循环。对于 for 循环，跳过循环体其余语句，转去执行表达式 3；对于 while 和 do...while 循环，跳过循环体其余语句，转向循环条件的判定。该语句只能用于循环语句中。

(3) 循环嵌套时，break 语句和 continue 语句只影响包含它们的本层循环，与其他循环无关。

5.7　几种循环的比较

下面是几种循环语句的比较。

(1) 通常情况下，3 种循环语句都能够处理同一个问题，但当循环次数为已知时，使用 for 循环比较方便。

(2) while 和 for 循环都是先判断条件再执行循环体语句，因此，有可能一次也不执行循环体语句；而 do…while 循环无论条件是否成立都会先执行一次循环体语句。

(3) for 循环、while 循环和 do…while 循环，可以用 break 语句跳出循环，用 continue 语句结束本次循环。

使用循环结构时，要注意以下几个方面的问题。

(1) 循环体语句为复合语句时，要使用花括号。

(2) 避免使程序发生无限循环。

(3) 循环嵌套时，内外层循环使用不同的循环变量。

5.8 综合应用实例

【实例 5-9】 用公式$\frac{\pi}{4}=1-\frac{1}{3}+\frac{1}{5}-\frac{1}{7}+......$，计算π的近似值，直到某一项的绝对值小于 10^{-6} 为止。

分析：用变量 sum 表示$1-\frac{1}{3}+\frac{1}{5}-\frac{1}{7}+......$累加和，初值为 0，则π=sum*4。

表达式中所加项的特点如下：

(1) 第一项为正，第二项为负，……，奇数项为正，偶数项为负。

(2) 分母为连续的奇数：1，3，5，7，…。

定义变量如下。

(1) item 表示所加的项，其初值为 1。

(2) i 表示分母，其初值为 1，其值的变化为 1，3，5，…，同时该变量也表示重复执行加法运算的次数。

(3) s 表示所加项的正负号，其初值为 1，即第一项的符号，其值的变化为 1，−1，1，−1，…。

(4) 变量 pi 表示π。

程序如下：

```
#include <stdio.h>
#include <math.h>
void main()
{
  float sum,item,i,s,pi;
  item=1; sum=0; i=1; s=1;      /* 变量初始化 */
  while(fabs(item)>1e-6)
   {
    sum=sum+item;
    i=i+2;                      /* 计算分母 */
    s=-s;                       /* 计算所加项的正负号 */
    item=s/i;                   /* 计算所加的项 */
   }
     pi=sum*4;
     printf("pi=%f\n",pi);
     system("pause");
}
```

程序运行结果：

```
pi=3.141594
```

提示：本例中变量 i 和变量 s 的数据类型也可以定义为整数类型 int，那么循环体中的语句 item=s/i 必须修改为 t=(double)s/i 或 item=1.0*s/i。

程序中用到了求绝对值的库函数 fabs()，因而必须在程序的开头加入预处理命令“#include<math.h>”。

【实例 5-10】 穷举法。在我国古代的《算经》里有一个著名的不定方程问题：鸡翁一，值钱 5；鸡母一，值钱三；鸡雏三，值钱一。百钱买百鸡，问鸡翁、鸡母、鸡雏各几何？

分析：根据题意，设整型变量 i、j、k 分别代表鸡翁、鸡母、鸡雏的个数，则有

```
i+j+k=100; 5*i+3*j+k/3=100
```

其中，i 的取值范围是 0～20，j 的取值范围是 0～34。

要想求出所有的解，就要将 i、j、k 的所有值带入表达式中计算，若满足上述表达式，则为答案。

程序如下：

```
#include<stdio.h>
void main()
{
   int i,j,k,n=0;
   for(i=0;i<=20;i++)
     for(j=0;j<=34;j++)
       {
          k=100-i-j;
          if(5*i+3*j+k/3==100 && k%3==0)
          {
              printf("%2d (鸡翁),%2d (鸡母),%2d (鸡雏)",i,j,k);
              n++;
          }
       }
   printf("\n%d种组合\n",n);
   system("pause");
}
```

【实例 5-11】 求 Fibonacci 数列的前 40 项。该数列有如下特点：前两项分别为 1、1。从第 3 项开始，依次等于其前面两项之和，即这个数列是：1，1，2，3，5，8，13，…。

分析：根据题意，设置 3 个整型变量 f1、f2、f3 分别表示数列的前 3 项，即有 f3=f1+f2；

计算第四项时，应该计算表达式：f4=f2+f3，上一表达式中的变量 f1 将会被废弃，这样还需要定义变量 f4、f5、f6…。在这里我们无需定义过多的变量，只需要根据数列的特点，在计算以后的每一项时，重复执行以下两步操作即可：

(1) 对变量 f1、f2 重新赋值，即 f1=f2，f2=f3。

(2) 执行语句 f3=f1+f2。

f1、f2、f3 三个变量值的变化过程如图 5-10 所示，计算流程如图 5-11 所示。

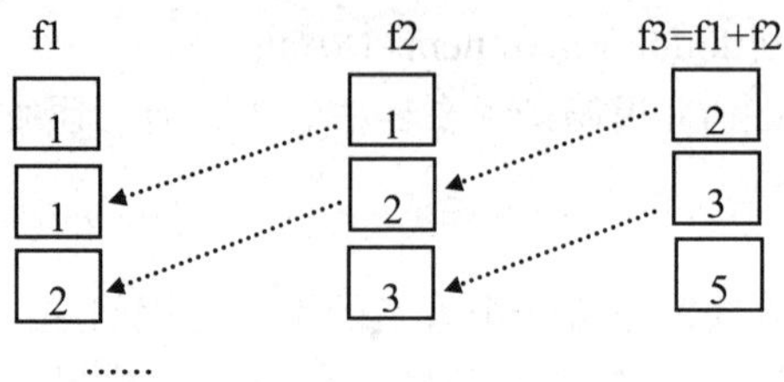

图 5-10　f1、f2、f3 的值的变化过程

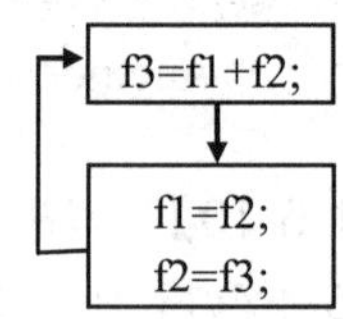

图 5-11　Fibonacci 计算流程

程序如下：

```
#include<stdio.h>
void main()
{
  int i,f1=1,f2=1,f3;
  printf("%12d%12d",f1,f2);
  for(i=3;i<=40;i++)
    {
      f3=f1+f2;
      printf("%12d",f3);
      f1=f2;
      f2=f3;
      if(i%4==0) printf("\n");
  }
      system("pause");
}
```

【实例 5-12】 编写程序，在屏幕上输出如图 5-12 所示的三角形图案。

图 5-12　三角形图案

分析：在 C 语言中，数据输出是利用 printf()函数按行输出的，三角形图案中的每行均是由空格、“*”及换行符组成。规律如下：

第 1 行，左端 4 个空格，1 个*，1 个换行符。

第 2 行，左端 3 个空格，3 个*，1 个换行符。

第 3 行，左端 2 个空格，5 个*，1 个换行符。

第 4 行，左端 1 个空格，7 个*，1 个换行符。

第 5 行，左端 0 个空格，9 个*，1 个换行符。

由此可推断，第 i 行，左端有(总行数−i)个空格，(2×i−1)个*，1 个换行符。

定义变量如下。

(1) rows 代表总行数。

(2) i 表示行的编号，从 1 开始。

(3) j 表示每行左端的空格数，第 1 行 4 个，第 2 行 3 个，…，第 i 行 rows−i 个。

(4) k 表示每行输出的*个数，第 1 行 1 个，第 2 行 3 个，…，第 i 行(2×i−1)个。

程序如下：

```
#include<stdio.h>
void main()
{
      int i,j,k,rows;
      scanf("%d",&rows);
      for(i=1;i<=rows;i++)               /* 按行号依次输出 */
        {
        for(j=1;j<=rows-i;j++)         /* 输出当前行左端的空格 */
          printf(" ");
        for(k=1;k<=2*i-1;k++)           /* 输出当前行的* */
          printf("*");
        printf("\n");                   /* 当前行换行 */
        }
      system("pause");
}
```

提示：只需将输出的行号 rows 按逆序输出，则变为倒三角形。程序代码如下：

```
#include<stdio.h>
void main()
{
     int i,j,k,rows;
     scanf("%d",&rows);
     for(i=rows;i>=1;i--)              /* 按行号依次输出 */
     {
      for(j=1;j<=rows-i;j++)           /* 输出当前左端的空格 */
        printf(" ");
      for(k=1;k<=2*i-1;k++)            /* 输出当前行的* */
        printf("*");
      printf("\n");                    /* 当前行换行 */
     }
     system("pause");
}
```

思考：借鉴实例 5-12 的思路，编写程序，在屏幕上输出下列几何图案。

```
*                   *          *******
***                ***          *******
*****             *****          *******
*******          *******          *******
********          ******           *******
**********         ***              *******
***********         *                *******
```

【实例 5-13】 编程计算：a+aa+aaa+…+aa…a(n 个 a)的值，n 和 a 的值由键盘输入。

分析：表达式中所加项的特点为，从第 2 项开始，所加项等于(前一项×10+a)。

可设置变量 sum 表示总和，item 表示当前所加项，则有 item=item*10+a，item 的初值为 a，n 为所加项的位数，n、a 由键盘输入。

```
#include<stdio.h>
void main()
{
  int n,i,a,sum=0,item;
  printf("input n:");
  scanf("%d",&n);
  printf("input a:");
  scanf("%d",&a);
  i=1;item=a;
  while(i<=n)
  {
     sum=sum+item;
     item=item*10+a;
     i++;
  }
  printf("%d\n",sum);
  system("pause");
}
```

程序运行结果：

```
input n:3
input a:2
246
```

【实例 5-14】 找出小于 20000 的三个最大的素数。

分析：设置整型变量 n，表示 20000 以内任意的整数，整型变量 count 表示素数的个数。若 n 从 3 开始，则 3、5、7…都是素数，很难确定小于 20000 的三个最大的素数。可以考虑将 n 从 19999 开始逆序判断是否为素数，若是素数，则 count 加 1；否则 n 递减 2，继续判断，直到 count 为 3 为止。

```
#include<stdio.h>
#include<math.h>
void main()
{
  int n,i,k,count=0;
  for(n=19999;n>=3;n-=2)
   {
      k=sqrt(n);                    /* 每个 n 要整除的最后一个整数 */
      for(i=2;i<=k;i++)
        if(n%i==0) break;           /* 若 n 被整除，取 n 的下一个值继续判断 */
      if(i>k)                       /* 若当前 n 为素数 */
        {
          printf("%d\n",n);         /* 输出当前的素数 n */
          count++;                  /* 统计素数的个数 */
          if(count==3) break;       /* 若 count 为 3，则结束程序运行 */
        }
      }
system("pause");
   }
```

程序运行结果：

```
19997
19993
19991
```

【实例 5-15】 输入一组学生的成绩，直到输入-1 为止，计算成绩的最大值、最小值和平均值。

分析：设置整型变量 score、max、min、sum、count，分别表示输入的成绩、最大值、最小值、总和及成绩的个数，浮点型变量 avg 表示成绩的平均值。在循环内每输入一个成绩，则判断是否等于-1，若为有效成绩，则累加成绩、判断最大值及最小值，并统计成绩的个数；若输入值等于-1，则退出循环，并输出相应的计算结果。

```
#include<stdio.h>
void main()
{
  int score,max,min,sum=0,cunt=0;
  float avg;
  max=0;min=100;                           /* 赋初始值 */
  while(1)
   {
      scanf("%d",&score);                  /* 输入成绩 */
      if(score==-1) break;                 /* 若输入-1，则退出输入 */
        else
        {
        sum=sum+score;                     /* 累加成绩 */
        if(max<score) max=score;           /* 判断最大值 */
        if(min>score) min=score;           /* 判断最小值 */
        count++;                           /* 统计成绩的数量 */
        }
    }
   avg=1.0*sum/count;
   printf("max=%d,min=%d,avg=%f\n",max,min,avg);
   system("pause");
}
```

本 章 小 结

本章主要介绍了 C 语言的循环结构语句 for、while、do...while 以及辅助控制语句 break 和 continue。

for 语句和 while 语句的执行特点是先进行循环条件测试，如果循环条件第一次测试就为假，则循环体一次也不执行；而 do...while 语句是先执行循环体，然后测试循环条件，因此 do...while 语句至少执行一次循环体。

通常这 3 种循环语句可以相互替代，除非循环条件第一次测试就为假。for 语句更适合于循环次数确定的问题。这 3 种循环语句可以自由组合构成循环嵌套，在使用循环嵌套时，注意内外层循环要使用不同的循环变量，以免构成死循环。

辅助控制语句 break 用于无条件退出当前层循环结构，而 continue 语句用于结束本次循环，继续执行下一次循环。

习　　题

一、选择题

1. 下面关于 for 循环的正确描述是(　　)。
   A. for 循环只能用于循环次数已经确定的情况
   B. for 循环是先执行循环体语句，后判断终止条件
   C. 在 for 循环中，不能用 break 语句跳出循环体
   D. 在 for 循环的循环体语句中，可以包含多条语句，但必须用花括号括起来
2. 对 for(s=2; ; s++)可以理解为(　　)。
   A. for(s=2;0;s++)　　B. for(s=2;1;s++)
   C. for(s=2;s=2;s++)　　D. for(s=2;s++;s++)
3. 以下循环执行次数是(　　)。

```
void main()
{
  int i,j;
  for(i=0,j=1;i<=j+1;i+=2,j--)
  printf("%d\n",i)
}
```

   A. 无限次　　B. 1 次　　C. 0 次　　D. 2 次
4. 下面不是死循环的是(　　)。
   A. for(y=0,x=1;x>++y;x=i++) i=x;　　B. for(; ; x=++1);
   C. while(1) {x++;}　　D. for(i=10; ;i--) sum+=i;
5. 下面程序的运行结果是(　　)。

```
void main()
{
   int x=23;
   do{
      printf("%d",x--);
   }while(!x);
}
```

   A. 321　　B. 23　　C. 2322　　D. 不打印
6. 使用 C 语言描述关系表达式 a≤x<b，正确描述是(　　)。
   A. a<=x<b　　B. x>=a&x<b　　C. x>=a&&x<b　　D. a<=x&&<b
7. 执行语句 "for(i=1;i++<4;) ;"后，变量 i 的值是(　　)。
   A. 3　　B. 4　　C. 5　　D. 不定

8. 以下正确的描述是(　　)。

   A. continue 语句的作用是结束整个循环的执行

   B. 只能在循环体内和 switch 语句体内使用 break 语句

   C. 在循环体内使用 break 语句和 continue 语句的作用相同

   D. 从多层循环嵌套中退出时，只能使用 goto 语句

9. 以下程序的运行结果是(　　)。

```
#include<stdio.h>
void main()
{
    int y=9;
    for(;y>0;y--)
    if(y%3==0) printf("%d",--y);
}
```

   A. 741　　B. 963　　C. 852　　D. 875421

10. 下面程序段的运行结果是(　　)。

```
int i=10;
while(i=0)
  i=i-1;
```

   A. while 循环执行 10 次　　B. 循环是无限循环

   C. 循环体语句一次也不执行　　D. 循环体语句执行一次

二、填空题

统计个位数是 5，且能被 3 整除的四位数及其个数。

```
#include<stdio.h>
void main()
{
  int i,n=____①____;
  for(i=1000;i<=9999;i++)
    if(i____②____==5 && i%3==0)
    {
       n++;
       printf("%d\n",i);
    }
  printf("个数为%d",____③____);
  system("pause");
}
```

三、改错题

求两个整数的最大公约数。

求法：用一个整数和另一个整数求余，然后再取被除数除以余数，直到余数为 0 为止，此时的被除数即为最大公约数。

在每一行 “/**********ERROR***********/” 的下方有一处错误，请更正，不得改动

程序的其他部分。

```
#include<stdio.h>
void main( )
{
   int m,n;
   int r;
   printf("请输入两个整数m, n: ");
/**********ERROR***********/
    scanf("%d %d",m,n);
/**********ERROR***********/
    r=m/n;
    while(r!=0)
     {
      m=n;
/**********ERROR***********/
      n=m;
      r=m%n;
     }
     printf("最大公约数是: %d",n);
    system("pause");
}
```

四、编程题

1. 编程找出 100～500 之间的数，该数满足的条件：各个位置的数字之积为 42，各个位置的数字之和为 12。如 237，2*3*7=42，2+3+7=12。

2. 计算下列表达式：

$$s=\left(1+\frac{1}{2}\right)+\left(\frac{1}{3}+\frac{1}{4}\right)+\ldots+\left(\frac{1}{2\times n-1}+\frac{1}{2\times n}\right)$$

若输入的 n=10(n 位于 1～100 之间)，则输出结果为 S=3.597739。

3. 计算表达式的值。

$s=1-\frac{1}{2}+\frac{2}{3}-\frac{3}{4}+\ldots$，直到某一项的绝对值小于 0.0001 为止。

4. 编程输出以下图案。

5. 编写程序，找出 1000 到 3000 之间的所有素数，并以每行 5 个在屏幕上输出。

6. 录入若干个学生的成绩，直到录入的成绩为-100 为止。计算平均成绩、最高分和最低分。

第 6 章
函　数

【本章要点】

- 函数的定义、函数的返回值和函数的调用
- 函数调用中参数的传递
- 变量的存储类型及其作用域
- 内部函数与外部函数

【学习目标】

- 掌握函数定义、函数返回值、函数调用、函数原型声明及应用方法
- 理解函数调用中参数的传递过程
- 理解变量的类型及其作用域
- 理解外部函数和内部函数的含义

6.1 函数概述

前面介绍的程序都只由一个函数即主函数构成的。但当处理一个较大的、复杂的问题时，一般要把它分解成若干个较小的、功能简单的、相对独立的模块来进行处理，每一个模块用来实现一个特定的功能。C 语言是通过函数来实现模块化程序设计的，一个 C 语言程序是由一个 main()函数和若干个其他函数构成，由 main()函数调用其他的函数，其他的函数之间也可以相互调用，同一函数可以被其他函数调用任意次。

采用了函数模块结构的程序逻辑关系明确，层次结构清晰，可读性好，可以单独进行编译和调试，便于查错和修改。

如图 6-1 所示是一个 C 程序中函数调用的示例。

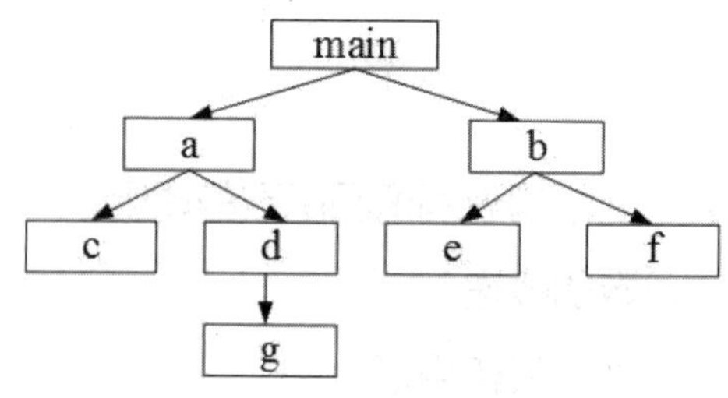

图 6-1　函数调用示例

C 语言的函数可以从不同的角度进行分类。

(1) 从用户使用的角度来看，可分为以下两类。

- 标准函数，即库函数，这是由系统提供的，用户可以直接调用它们。
- 用户自己定义的函数，用来解决程序中的特定功能。

(2) 从函数的形式来看，可分为以下两类。

- 无参函数：调用时，不需要接收主调函数传递的数据就可以完成自身的功能。
- 有参函数：在调用时，必须接收主调函数传递的一些数据才能完成自身的功能。

6.2 函数的定义

6.2.1 函数的定义

在 C 语言中，函数和变量一样，必须遵循“先定义，后使用”的原则。函数定义时必须要明确以下 4 个要素：函数的类型、函数的名称、函数的参数类型及名称。

函数定义的一般形式为：

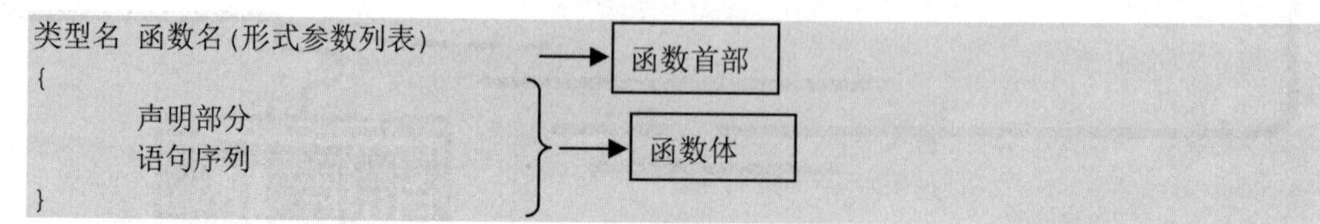

说明：

- 类型名：用来指定函数返回值的类型，如 int、float、double、char 等。如果函数没有返回值，类型标识符应该写为 void；如果类型标识符省略不写，C 语言系统默认为函数的返回值为 int 类型。
- 函数名是一个标识符，命名规则与变量名一致，用于标识函数，并用此标识符调用函数。
- 形式参数(简称形参)列表是用逗号分隔的一组变量说明，每个形式参数都要指出其数据类型和名称。形式参数也可以为空，没有形式参数的函数称为无参函数，反之称为有参函数。在函数定义时，形式参数只是一种代表形式，没有具体的值，所以也并不占有内存空间。当函数被调用时，才会被分配到内存空间，而且一旦调用结束，形参所占有的内存立刻被释放，形参的值也就不存在了。

【实例 6-1】 无参函数定义示例。

```
void print_message()
 {
   printf("==============\n");
   printf(" Hello world!\n");
   printf("==============\n");
}
```

【实例 6-2】 定义有参函数，判断两个浮点数中的较大者。

```
float  max(float a,float b)
 {
  int c;
  if(a>b)
    c=a;
  else
    c=b;
  return c;
}
```

提示： 函数首部后面不能加分号，它与函数体一起构成一个完整的函数定义。

函数的定义在程序中是相互独立的，不允许在一个函数内部再定义另一个函数，即函数不能嵌套定义。

例如，下面的程序中嵌套定义函数 b()是不允许的。

```
int a()                    /* 定义函数 a */
{
    void b()   ┐
    {          │
        ......  ├──→ 定义函数 b
    }          │
}              ┘
```

6.2.2 函数的返回值

函数的返回值是指函数被调用之后，执行函数体中的程序段所取得的并返回给主调函数的值。函数的返回值通过函数中的 return 语句获得。函数值返回的形式如下：

```
return 表达式;
```

或

```
return (表达式);
```

说明：

- return 语句中表达式的值就是函数的返回值。表达式值的类型一般应和函数定义时的类型名一致，如果表达式值的类型与函数类型不一致时，以函数类型为准，由系统自动转换。
- 函数体在执行完 return 语句后，就会退出该函数，返回到主调函数的相应位置并返回函数值。一个函数内可以有多条 return 语句，但只能有一个 return 语句被执行，也就是说，函数只能有一个返回值。
- 若函数有返回值，则必须有 return 语句；若函数没有返回值，则不需要写 return 语句或写为“return ;”。

6.3 函数的调用和声明

6.3.1 函数的调用

1. 函数调用的一般形式

```
函数名(实参列表)
```

函数的调用一般有以下 3 种形式：函数调用语句、函数表达式、函数实参。

1) 函数调用语句

将函数调用作为一条单独的语句，此时不要求函数有返回值。

【实例 6-3】 在屏幕上显示由“*”组成的三角形。

分析：设计一个函数，其功能是绘制一个由“*”组成的三角形。由于绘制三角形只是一个运算过程，没有最终的计算结果，因此该函数没有返回值，函数的类型应为 void，函数的形式参数是一个整数，代表三角形的总行数。

```
#include<stdio.h>
void triangle(int n)            /* void 表示函数没有返回值，形参 n 代表总行数 */
{
    int i,j,k;
    for(i=1;i<=n;i++)           /* 从第一行画至第 n 行 */
    {
        for(j=1;j<=n-i;j++)     /* 输出每行左端的空格 */
```

```
        printf(" ");
      for(k=1;k<=2*i-1;k++)       /* 输出每行的*字符 */
        printf("*");
      printf("\n");               /* 输出每一行的换行符号 */
    }
}
void main()
{
    int rows;
    scanf("%d",&rows);            /* 输入总行数 */
    triangle(rows);               /* 函数调用语句 */
    system("pause");
}
```

程序运行结果：

```
    4↵
       *
      ***
     *****
    *******
```

2) 函数表达式

函数调用出现在一个表达式中，此时函数调用代表一个值，是表达式的一部分。

【实例 6-4】 编写函数，计算表达式$s=\dfrac{1+2+3+...+m}{1+2+3+...+n}$的值。

分析：表达式的分子和分母都是累加求和的式子，因此设计一个函数，其功能就是计算 1+2+…+k 的结果，函数的返回值就是累加求和的结果，函数的类型应该为 int，形式参数为一个整数，代表累加求和的最后一个数。

```
#include<stdio.h>
int s_sum(int k)                        /* 函数定义 */
 {
   int i,sum=0;
   for(i=1;i<=k;i++)
      sum+=i;
   return (sum);
 }
void main()
{
   int m,n;
   float s;
   scanf("%d%d",&m,&n);
   s=1.0*s_sum(m)/s_sum(n);               /* 函数调用 */
   printf("s=%f\n",s);
   system("pause");
}
```

程序运行结果：

```
5 6↵
0.714286
```

3) 函数实参

函数调用作为另一个函数调用时的实际参数。

【实例 6-5】 输入三个整数，判断其中的最大值。

分析：设计一个函数 max()，其功能是判断两个整数的较大者。函数的形式参数是两个整数，函数返回值就是两个整数中的较大者。假定比较的整数为 a、b、c，则 max(a,b)的结果为 a 和 b 中的较大者；继续调用函数 max(c,max(a,b))，就可以判断出最终的最大值。

```
#include<stdio.h>
int max(int x,int y)
{
   if(x>y)
     return (x);
   else
     return (y);
}
void main()
{
   int a,b,c,result;
   scanf("%d%d%d",&a,&b,&c);
   result=max(c,max(a,b));
   printf("max=%d\n",result);
   system("pause");
}
```

程序运行结果：

```
12 34 7↵
max=34
```

2. 函数调用的过程

在执行函数调用时，实际上系统要完成以下过程。

(1) 为被调函数的所有形式参数分配内存，再计算实际参数的值，并一一对应地赋予相应的形式参数(对于无参函数，不做该项工作)。

(2) 为函数说明部分定义的变量分配存储空间，再依次执行函数的可执行语句。当执行到“return(表达式)”语句时，计算返回值(如果无返回值的函数，不做该项工作)。

(3) 释放在本函数中定义的变量所占用的存储空间(对于 static 类型的变量，其空间不释放)，返回主调函数继续执行。

6.3.2 函数调用时的参数传递

自定义函数中，有参函数占大多数，因为它使得主调函数和被调函数之间能够进行数

据交换，这种交换是通过主调函数向被调函数的形式参数传递数据来实现的。

有参函数被调用时，这个被调函数名后面括号内的参数被称为“实际参数”(简称“实参”)，实参的值在调用时赋给了形式参数。

一般来说，实参可以是常量、变量或表达式。但是，实参和形参的类型必须一致。

【实例6-6】 输入半径的值，计算圆的面积。

分析：设计一个函数，其功能是计算圆的面积。因此函数的类型应为浮点数类型，形式参数为一个浮点数(也可以是整数)，代表圆的半径。

```
#include<stdio.h>
float area(float r)
{
  float s;
  s=3.14*r*r;
  return (s);
}
void main()
{
  float m,k;
  scanf("%f",&m);
  k=area(m);
  printf("area=%f\n",k);
  system("pause");
}
```

程序运行结果：

```
5↵
area=78.500000
```

提示： 实参m的值传递给形参r，在area函数中，把计算的结果赋给s并返回给主调函数main()，赋给变量k。具体过程如图6-2所示。

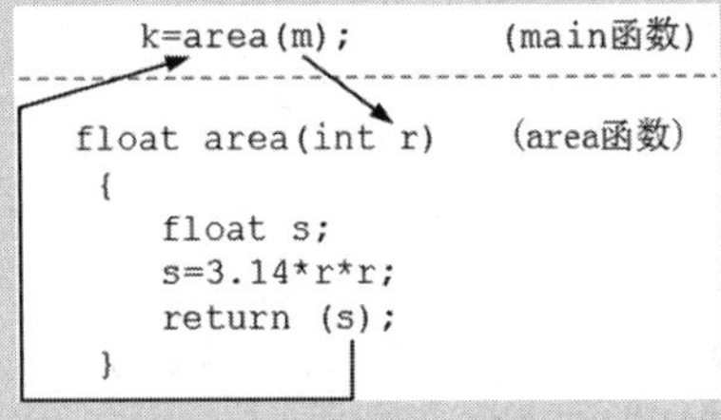

图6-2　函数实参传递过程

主调函数的实参与被调函数的形参在数量、次序上应一致，对应的数据类型应相同或相容。

当被调函数有多个实际参数时，实际参数相互之间以逗号间隔。

6.3.3　函数的原型声明

C 语言要求：函数先定义后调用。如果被调函数定义的位置在主调函数之后，则应该在主调函数内对被调函数作声明。声明的作用就是将函数名称、参数类型和参数数量等信息通知编译系统，在遇到该函数调用时，编译系统能够正确识别该函数并检查调用是否合法。

函数声明的一般形式为：

```
函数类型 函数名(形式参数列表);
```

如果在 C 程序的开头或者在所有函数之前，对函数已进行了声明，则无需在主调函数中对要调用的函数再作声明。例如：

```
void a(int x,int y);                /* 函数 a 的声明 */
void main()
{
   …
}
void a(int x,int y)                 /* 函数 a 的定义 */
{
   …
}
```

【实例 6-7】 输入整数 n，计算表达式$s=1+\frac{1}{2!}+\frac{1}{3!}+...+\frac{1}{n!}$的值，结果保留两位小数输出。

分析：计算表达式中的每一项都是一个整数阶乘的倒数，而且表达式中每一项的分母都以 1 递增。设计一个函数，其功能是计算某一个整数的阶乘值，函数的类型为 int，形式参数是一个整型变量，代表要计算阶乘值的整数。

```
#include<stdio.h>
int jc(int k);                           /* 函数声明 */
void main()
{
   int n,i;
   float sum=0;
   scanf("%d",&n);
   for(i=1;i<=n;i++)
      sum=sum+1.0/jc(i);                 /* 函数调用 */
      printf("sum=%5.2f\n",sum);
   system("pause");
}
int jc(int k)
{
   int s=1,i;
   for(i=1;i<=k;i++)
      s=s*i;
   return (s);
}
```

程序运行结果：

```
10↵
sum=1.72
```

6.3.4　函数的嵌套调用

C 语言的函数定义是相互独立的，不允许嵌套定义，但函数的调用是自由的，可以嵌套调用，即在调用一个函数的过程中，又调用了另外一个函数。

【实例 6-8】 输入整数 n，计算表达式 S = 1! + 2! + ... + n! 的值。

分析：设计两个函数 fac()和 sum_fac()，其中函数 fac()的功能是计算一个整数 n 的阶乘值，函数 sum_fac()的功能是计算 1 到 n 的阶乘之和。在 main()函数中，将实际参数 n 传递给 sum_fac()函数，在 sumn_fac()函数中，调用 n 次 fac()函数，依次将整数 1 到 n 传递给 fac()函数，每调用一次 fac()函数，将阶乘的值返回给 sum_fac()函数中并累加起来。

```
#include<stdio.h>
int fac(int n);
int sum_fac(int n);
void main()
{
  int n,total;
  scanf("%d",&n);
  total=sum_fac(n);                         /* 调用函数 sum_fac() */
  printf("sum=%d\n",total);
  system("pause");
}
int fac(int n)
{
   int s=1,i;
   for(i=1;i<=n;i++)
       s=s*i;
   return (s);
}
int sum_fac(int n)
{
   int sum=0,i;
   for(i=1;i<=n;i++)
     sum=sum+fac(i);                        /* 在循环中调用函数 fac() */
   return (sum);
}
```

程序运行结果：

```
5↵
sum=153
```

函数嵌套调用的具体过程如图 6-3 所示。

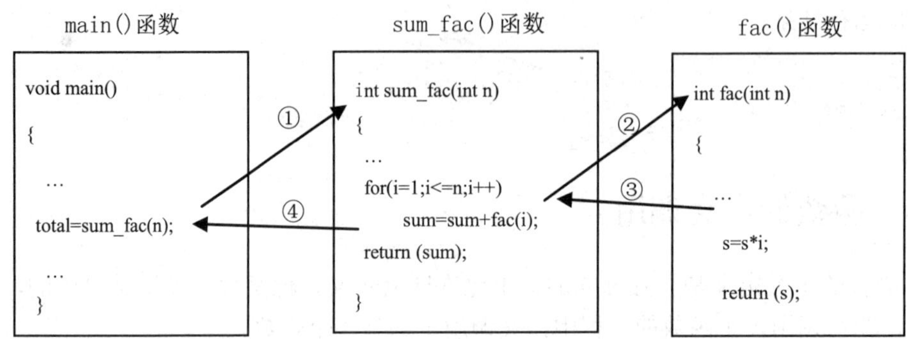

图 6-3　函数嵌套调用过程图

函数嵌套调用的具体过程如下。

(1) main()函数中调用 sum_fac()函数，传递实参 n，进入 sum_fac()函数体。

(2) 在 sum_fac()函数中调用 fac()函数，传递实参 i(从 1 开始)，进入 fac()函数体。

(3) 在 fac()函数体内计算整数 i 的阶乘值，并将阶乘值返回到 sum_fac()函数内并累加；若 i 小于等于 n，就重复执行步骤(2)。

(4) 在 sum_fac()函数内，当 i 大于 n 时，执行 return 语句，将阶乘之和返回到 main()函数，输出计算结果。

6.3.5　函数的递归调用

函数的递归调用是指在调用一个函数的过程中，又直接或间接地调用了该函数本身。递归调用分为直接递归调用和间接递归调用。

1. 直接递归调用

在调用一个函数的过程中，又调用了该函数，如图 6-4 所示。

```
int  fun(int n)   ◄──┐
{                    │
   int m,k;          │
   ...               │
   m=fun(k); ────────┘
   ...
}
```

图 6-4　直接递归调用

2. 间接递归调用

在调用函数 fun1()的过程中，调用了 fun2()函数，在 fun2()函数调用过程中，又调用了 fun1()函数，这个过程称为间接递归调用，如图 6-5 所示。

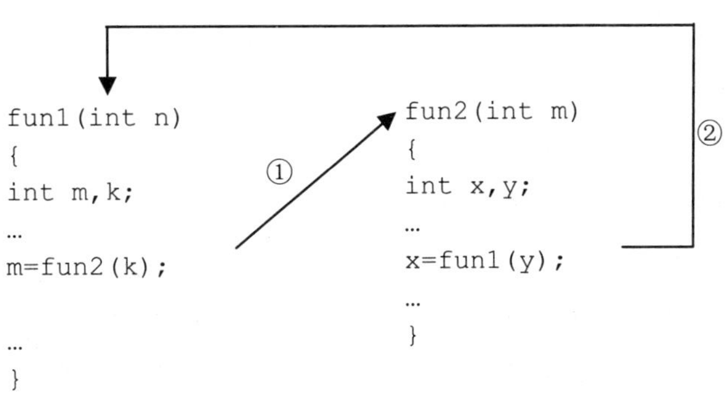

图 6-5　间接递归调用

【实例 6-9】 输入正整数 n，计算 n!。

分析：由阶乘公式

$$n!=\begin{cases}1 & ,n=1\\ n\times(n-1)!, & n>1\end{cases}$$

可递推出以下计算表达式：

n!=n*(n-1)!

(n-1)!=(n-1)*(n-2)!

(n-2)!=(n-2)*(n-3)!

…

2!=2*1!

1!=1

可见要计算 n!，需要计算出(n-1)!，再往下需要计算出(n-2)!，(n-3)!，…，直至 1！，再由 1！=1 逐项计算出 2！，3！，…，(n-1)！，直至 n！。整个计算过程都是在计算某一个整数的阶乘，因此计算 n！的过程可以采用直接递归调用的方式来完成。

```
#include<stdio.h>
int fac(int n);                          /*函数声明 */
void main()
{
   int n,s;
   scanf("%d",&n);
   s=fac(n);
   printf("s=%d\n",s);
   system("pause");
}
int fac(int n)
{
   int s;
   if(n==1)
      s=1;                               /* 规定递归结束的条件，1!=1 */
   else
      s=n*fac(n-1);                      /* 递归运算的表达式 */
   return s;
}
```

程序运行结果：

```
4↵
s=24
```

程序运行的具体过程如图 6-6 所示。

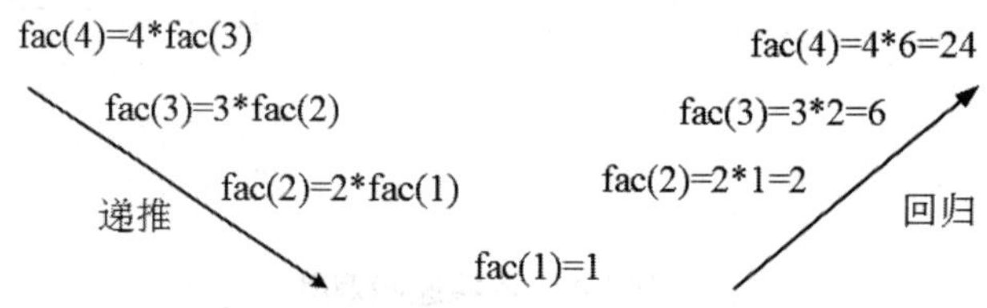

图 6-6　实例 6-9 运行过程

4！的计算过程说明。

(1) 第一次调用 fac()函数，形参 n 接收实参的值 4，因为 4≠1，所以执行 s=4*fac(3)，为了计算 fac(3)的值，需要再次调用 fac()函数。

(2) 第二次调用 fac()函数，形参 n 接收实参的值 3，因为 3≠1，所以执行 s=3*fac(2)，为了计算 fac(2)的值，第三次调用 fac()函数。

(3) 第三次调用 fac()函数，形参 n 接收实参的值 2，因为 2≠1，所以执行 s=2*fac(1)，为了计算 fac(1)的值，第四次调用 fac()函数。

(4) 第四次调用 fac(1)函数，形参 n 接收实参的值 1，因此，s=1，至此结束递推的过程，返回本次函数的值 1。

(5) 返回到步骤(3)，因为 fac(1)=1，所以 fac(2)=2*fac(1)=2，返回函数值 2。

(6) 返回到步骤(2)，因为 fac(2)=2，所以 fac(3)=3*fac(2)=6，返回函数值 6。

(7) 返回到步骤(1)，因为 fac(3)=6，所以 fac(4)=4*fac(3)=24，返回到 main()函数，得到表达式 fac(4)的值为 24。

提示：编写递归函数调用的程序，要注意以下两个要点。

(1) 递归出口：递归调用的结束条件。如实例 6-9 中的语句：

```
if(n==1) s=1;
```

(2) 递归表达式：递归的运算表达式，如实例 6-9 中的语句：

```
s=n*fac(n-1);
```

6.3.6　主函数 main()的特殊性

在 C 语言中，各个函数都是平等的、独立的，相互之间可以调用。但 main()函数具有一定的特殊性：main()函数不能被其他函数调用，只能由系统调用；C 程序的执行由 main()开始，并由 main()函数的最后一条语句结束。

main()函数可以有形式参数，也可以有返回值。

1. main()函数的参数

带参数的 main()一般形式为：

```
main(int argc, char *argv[])
{
    ……
}
```

参数说明如下。

(1) argc：整型，用来记录命令行中参数的个数。由于程序名称也包含在内，所以 argc 的值至少为 1。

(2) argv：字符指针数组，数组中的每个元素都是一个字符指针，指向命令行中的一个参数。

2. main()函数的返回值

main()的返回值是用来返回程序是否运行成功的一个标志。一般情况下，返回 0 表示程序执行成功，返回其他值表示程序因为某种错误而终止运行。此时 main()的一般形式为：

```
int main(int argc, char *argv[])
{
    ……
    return 0;
}
```

【实例 6-10】 带参数 main()函数应用示例。

```
#include <stdio.h>
int main(int argc, char *argv[])
{
    int i;
    printf("argc: %d\n",argc);
    for (i=0; i < argc; i++)
        printf("Argument %d is %s.\n", i, argv[i]);
    return 0;
}
```

若在 Visual C++ 2010 集成环境下运行，则运行结果如图 6-7 所示。

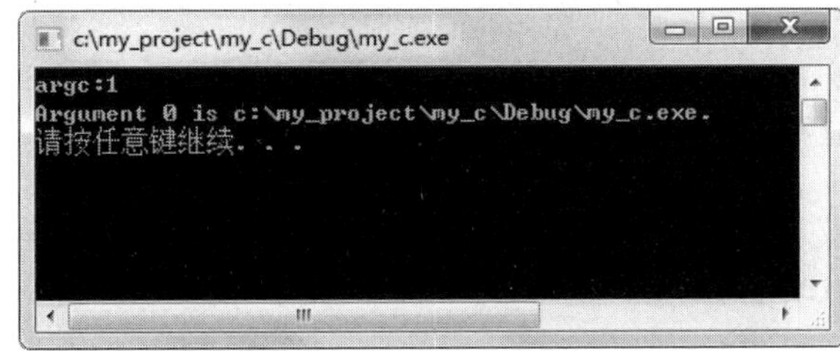

图 6-7　实例 6-10 集成环境运行效果

此时，argc 的值为 1，表示只有一个参数，就是生成的可执行文件名。

若在 Visual C++ 2010 命令行环境下运行，过程如下。

(1) 在命令行窗口下，切换到 C 程序文件所在的文件夹，执行 cl 命令编译 C 程序文件，比如：cl 6-10.c，如图 6-8 所示。

```
管理员: Visual Studio 命令提示(2010)

C:\>cl 6-10.c
用于 80x86 的 Microsoft (R) 32 位 C/C++ 优化编译器 16.00.30319.01 版
版权所有(C) Microsoft Corporation。保留所有权利。

6-10.c
Microsoft (R) Incremental Linker Version 10.00.30319.01
Copyright (C) Microsoft Corporation.  All rights reserved.

/out:6-10.exe
6-10.obj

C:\>_
```

图 6-8　命令行下编译 C 程序文件

(2) 编译通过后，带参数调用生成的可执行文件。比如：6-10.exe　a　b　c，如图 6-9 所示。

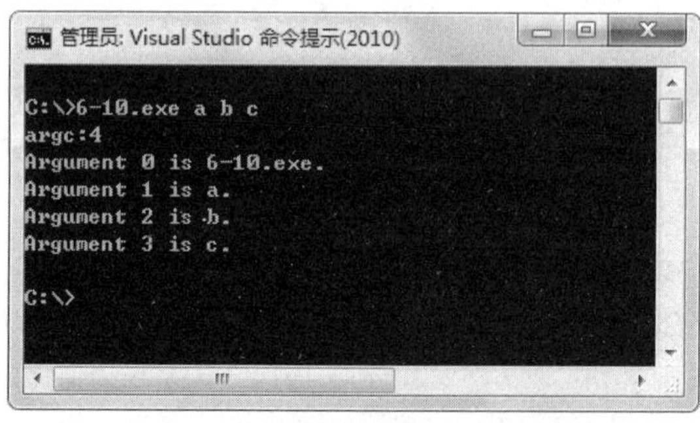

图 6-9　带参数调用可执行文件

(3) 此时，argc 的值为 4，表示有 4 个参数，第一个参数为生成的可执行文件名 6-10.exe，第二个参数为 a，第三个参数为 b，第四个参数为 c。

6.4　变量的类型和存储方式

6.4.1　局部变量和全局变量

C 语言中可以定义变量的位置有 3 处：

(1) 函数内部的声明部分。

(2) 复合语句中声明部分。

(3) 所有函数的外部。

变量定义的位置不同，作用域也不同。

1. 局部变量

局部变量是指在一个函数内定义的变量，也称为内部变量，它只在本函数内有效。例如：

```
int a(int m)
{
  int x,y,z;        m、x、y、z 的有效范围
  …
}
float b()
{
  int i,j,k;        i、j、k 的有效范围
  …
}
void main()
{
  int x,y;          x、y 的有效范围
  …
}
```

说明：

- main 函数()内定义的变量也是局部变量，只能在 main()函数内有效。main()函数不能使用其他函数内定义的局部变量。例如，main()函数不能调用 a()函数内的变量 x、y、z 等。
- 不同函数内定义的变量可以同名、同类型。例如 a()函数中的变量 x、y 和 main()函数中的变量 x、y 同名、同类型，但是它们拥有各自的有效范围，在内存中占有各自的内存空间，因此它们相互之间互不干扰。
- 函数的形式参数也是局部变量。例如 a()函数的形式参数 m，它只在 a()函数内有效，其他函数不能调用它。
- 在一个函数内部，可以在复合语句中定义变量，这些变量只在本复合语句内有效。例如：

```
int fun( )
 {
   int a,b;
   …
   {
     int c;         c 的有效范围        a、b 的有效范围
     …
   }
  …
}
```

2. 全局变量

在函数之外定义的变量是全局变量，也称外部变量。

全局变量的有效范围是：从定义全局变量的位置开始到本程序的结束。因此，在全局

变量有限范围之内的函数均可共用该变量。

```
int key=10, num=100;
int a(int x,int y)
{
   float m,k;
   …
}
int m,n;
void main()
 {
   int age,year;
   …
 }
```

（全局变量 m、n 的有效范围：从 int m,n; 到 main 函数结束；全局变量 key、num 的有效范围：从 int key=10, num=100; 到 main 函数结束）

在一个函数内部，既可以使用局部变量，也可以使用全局变量。如果全局变量的值在某个函数内被改变了，则全局变量会保留最新的值。由于函数只能有一个返回值，利用全局变量可以使数据在函数之间灵活地传递。但是，在程序设计中应尽量少用全局变量，否则会使函数的通用性降低。

在同一个 C 源程序中，全局变量的定义与局部变量的定义互不干涉。当在一个函数内部，局部变量的名称、类型与全局变量相同时，在本函数内，局部变量有效，全局变量失效。

【实例 6-11】 全局变量应用示例。

```
#include<stdio.h>
int x=100,y=200;                /*定义全局变量 x,y */
void fun()
{
   int x=50;                    /*定义局部变量 x */
   printf("x=%d\n",x);
}
void main()
{
   fun();
   system("pause");
}
```

程序运行结果：

```
x=50
```


6.4.2 变量的存储类别

在内存中，用户使用的存储空间分为 3 个部分：程序区、静态存储区和动态存储区，如图 6-10 所示。

变量一经定义，C 编译系统就要给该变量分配相应字节的存储空间，用来存放该变量的值。计算机中的寄存器和内存单元都可以存放数据，程序中的数据全部存储在静态存储

区和动态存储区中。

- 在静态存储区中存放的变量，在程序执行时分配存储单元，程序执行完毕释放。在程序执行过程中占据固定的存储单元，而不是动态地分配和释放。
- 在动态存储区中存放的变量，在函数调用开始时分配动态存储空间，函数执行结束时释放这些空间。

用户区
程序区
静态存储区
动态存储区

图 6-10　内存的存储空间结构

变量的存储类型可以确定变量的存放位置，变量存放的位置决定了变量的作用域和生存期。

变量定义的一般形式如下：

```
存储类型 类型名 变量名表;
```

变量有 4 种存储类型：

(1) auto(自动的)。

(2) static(静态的)。

(3) register(寄存器的)。

(4) extern(外部的)。

其中，自动变量和寄存器变量属于动态存储方式，外部变量和静态变量属于静态存储方式。

1. auto 变量

局部变量可以说明为 auto 型，而全局变量不能被说明成此类型。如果局部变量定义时没有指定存储类型，系统默认所定义的变量为 auto 类型。

例如：

```
auto int a,b=5;  } 两者等价
int a,b=5;       }
```

auto 变量的存储单元被分配在内存的动态存储区。每当执行函数体或复合语句时，系统自动为 auto 变量分配存储单元；退出时自动释放这些存储单元。

自动变量赋初值是在程序运行过程中进行的，每执行一次函数体或复合语句，赋一次初值。

2. static 变量

static 变量的存储单元被分配在内存的静态存储区中。系统为其分配的存储空间是固定的。函数调用时，系统为其分配存储空间，函数调用结束后，静态局部变量的存储空间不被释放，继续保留原值，下一次该函数被调用时，继续沿用上一次函数被调用结束时保留的值，直到程序运行结束时才被释放。

局部变量和全局变量都可以定义为 static 类型。静态变量定义的形式为：

```
static 类型标识符 变量名;
```

静态局部变量的生存期与全局变量相同。auto 型局部变量和静态局部变量的区别如表 6-1 所示。

表 6-1 auto 型局部变量和静态局部变量的区别

auto 型局部变量	静态局部变量
调用函数时才被分配存储空间，函数返回时被释放，因此函数返回后，变量的值不再存在	调用函数前已分配存储空间，程序结束后释放，因此函数返回后，变量将保持现有的值
如果对变量赋初值，每次调用函数都要执行赋初值操作	如果对变量赋初值，赋初值操作在程序开始执行时就进行了。每次调用函数时，不会执行赋初值操作

全局变量无论是否被声明成 static 类型，都将占用静态存储区。

【实例 6-12】 静态局部变量应用示例。

```
#include<stdio.h>
void fun()
{
   static int m=0;
   m+=10;
   printf("m=%d\n",m);
}
void main()
{
   int i;
   for(i=1;i<=3;i++)
      fun();
   system("pause");
}
```

程序运行结果：

```
m=10
m=20
m=30
```

说明：

- 第一次调用 fun()函数时，定义静态局部变量 m，初始值为 0，m 的值存放在静态存储区，然后运行“m+=10; ”语句，m 的值变为 10。
- 第二次调用 fun()函数时，m 的存储空间依然保留，存储的值为 fun()函数上次运行结束时保留的值 10，运行“m+=10; ”语句，m 的值变为 20。
- 第三次调用 fun()函数时，m 的值为 fun()函数上次运行结束时保留的值 20，运行“m+=10; ”语句，m 的值变为 30。

提示：静态局部变量只能在本函数内有效，不能被其他函数引用。

全局变量也存放在静态存储区中，在程序执行的过程中始终占有固定的存储区，程序执行完毕就释放。

3. register 变量

寄存器变量也是自动类变量。它与 auto 类变量的区别在于：register 型变量的值存放在寄存器中。寄存器是 CPU 芯片内部的存储器，访问速度快。因此，常把一些运行速度有较高要求，需要频繁引用的变量定义为 register 型。定义的形式为：

```
register 类型标识符 变量列表;
```

【实例 6-13】 寄存器变量应用示例。计算 s=1+2+3+…+100 的值。

```
#include<stdio.h>
void main()
{
  register int i,sum=0;
  for(i=1;i<=100;i++)
    sum=sum+i;
  printf("sum=%d\n",sum);
system("pause");
}
```

由于目前的计算机运行速度越来越快，优化后的编译器能够自动将频繁使用的变量值存放在寄存器中，因此，在程序中定义寄存器变量的意义已不大。

4. extern 变量

外部变量的存储类别标识符为 extern。外部变量具有以下特点。

(1) 外部变量和全局变量是对同一类变量的两种不同角度的提法。全局变量是从它的作用域提出的，外部变量是从它的存储方式提出的，表明了它的生存期。

(2) 在一个源文件内，全局变量的作用域为定义点到文件结尾。如果全局变量定义点之前的函数要调用该变量，可以使用关键字 extern 对该变量作“外部变量声明”，表示把该全局变量的作用域扩展到此处。

【实例 6-14】 实现两个对象值的交换。

```
#include<stdio.h>
void main()
{
  void swap();
  extern int X,Y;                    /* 把全局变量 X、Y 的作用域扩展到此处 */
  scanf("%d%d",&X,&Y);
  swap();
  printf("X=%d,Y=%d\n",X,Y);
  system("pause");
}
int X,Y;                             /* 定义全局变量 X、Y */
void swap()
{
  int tmp;
  tmp=X; X=Y; Y=tmp;
}
```

程序运行结果：

```
10 20↵
X=20,Y=10
```

说明：

由于全局变量 X、Y 定义在 main()函数之后，本来在 main()函数内部是不能引用它们的，现在通过关键字 extern 对 X、Y 的作用域进行扩展，这样在 main()函数内就可以合法地引用全局变量 X、Y。

(3) 当一个 C 程序由多个源程序文件组成时，如果有多个文件都要引用同一全局变量，此时不能在各个文件中分别定义这个全局变量。应该首先在其中一个文件中定义全局变量 X，再在其他文件里用关键字 extern 作声明。这样在编译和链接时，系统就可以从其他文件里找到已定义的全局变量 X，并将 X 的作用域扩展到本文件。

【实例 6-15】 判断两个整数间的较大值。

```
/* pro1.c */
int X,Y;
#include<stdio.h>
#include"pro2.c"                /* 引入 pro2.c 程序文件 */
void main()
{
  int n_max;
  scanf("%d%d",&X,&Y);
  n_max=max();
  printf("max=%d\n",n_max);
  system("pause");
}
/* por2.c */
extern int X,Y;                 /* 将 pro1.c 文件中 X、Y 的作用域扩展到本文件 */
int max()
{
   if(X>Y) return X;
   else return Y;
}
```

程序运行结果：

```
10 20↵
max=20
```

说明：

- 在含 main()函数的程序文件里，一定要通过#include 语句将其他文件引入进来。
- 在程序文件里要引用其他程序文件里的全局变量，要在本文件的适当位置，通过 extern 关键字扩展全局变量的作用域。

6.5　内部函数和外部函数

函数本质上是全局的，因为定义函数的目的就是要被其他函数调用的。根据函数能否被其他文件调用，可将函数分为内部函数和外部函数。

6.5.1　内部函数

如果一个函数只能被本文件里的其他函数调用，不能被其他源文件中的函数调用，这个函数称为内部函数。在定义内部函数时，在类型名前面加关键字 static，即：

```
static 类型名 函数名(形式参数列表)
```

例如：

```
static  int max(int x,int y)                    /* 定义内部函数 */
{
   …
}
```

内部函数又称为静态函数，它的作用域只限定在本程序文件里，这样在不同的文件里即使有同名的内部函数，也互不干扰。

6.5.2　外部函数

如果在定义函数时，在类型名前面加关键字 extern(可省略)，则这个函数就是外部函数，可以被其他文件调用，即：

```
extern 类型名 函数名(形式参数列表)
```

或：

```
类型名 函数名(形式参数列表)
```

在一个程序文件里需要调用其他文件的外部函数时，要在本文件里用关键字 extern 对该函数作声明，表示该函数是“在其他文件中定义的外部函数”。

【实例 6-16】 计算圆的面积。

```
/* file1.c */
#include<stdio.h>
#include "file2.c"                      /* 引入 file2.c 程序文件 */
extern float area(int r);               /* 对外部函数的声明 */
void main()
{
   int r;
   float s;
   scanf("%d",&r);
   s=area(r);
```

```
    printf("area=%f\n",s);
    system("pause");
}
/* file2.c */
extern float area(int r)               /* 定义外部函数 */
{
    return (3.14*r*r);
}
```

程序运行结果：

```
5↵
78.500000
```

6.6　综合应用实例

【实例 6-17】 编写函数，计算组合 $C_n^m = \frac{n!}{m!(n-m)!}$ 的值。

分析：从组合公式来看，分子和分母都是阶乘的运算，因此，设计一个函数，其功能就是计算某一个整数的阶乘，分子、分母分别调用这个函数就可以得到计算结果。

```
#include<stdio.h>
int jc(int k);                          /* 函数声明 */
void main()
{
   int c,m,n;
   scanf("%d%d",&m,&n);
   c=jc(n)/(jc(m)*jc(n-m));
   printf("%d\n",c);
   system("pause");
}
int jc(int k)                           /* 函数定义 */
{
   int t=1,i;
   for(i=1;i<=k;i++)
      t=t*i;
   return t;
}
```

【实例 6-18】 编写函数 isprime()，其功能是判断一个整数是否为素数。并调用该函数输出第 i 个到第 j 个素数，5 个一行。其中：2 为第 1 个素数，3 为第 2 个素数。例如，i=3，j=10，则输出结果为：

```
5    7    11    13    17
19   23   29
```

分析：根据题意，函数的功能是判断一个整数是否为素数，当为素数时，函数的返回值为 1，否则函数的返回值为 0。设定整型变量 count，用来统计素数的个数，k 为已输出

的素数个数。当 count≥i 时输出素数，若 k 为 5 的倍数，则输出换行符“\n”，若 count=j 时，停止输出并结束程序运行。

```
#include<stdio.h>
#include<math.h>
int isprime(int n);                              /*函数声明 */
void main()
{
  int n,i,j,count=0,k=0;
  scanf("%d%d",&i,&j);
  n=2;
  while(n>=2)                                    /* 从 2 开始依次判断素数*/
  {
    if(isprime(n)==1)
    {
      count++;                                /* 统计当前素数的总个数 */
      if(count>=i)
      {
        k++;                               /* 统计已输出的素数个数 */
        printf("%5d",n);
        if(k%5==0)printf("\n");
      }
    }
    if(count==j)                           /*若已输出指定数量的素数则退出 */
    break;
    n++;
  }
  system("pause");
}
int isprime(int n)
{
   int i,k;
   k=sqrt(n);
   for(i=2;i<=k;i++)
      if(n%i==0)break;
   if(i>k) return 1;
   else return 0;
}
```

程序运行结果：

```
3 10
5    7    11    13    17
19   23   29
```

【实例 6-19】 编写函数 count_dig(int dig,int n)，其功能是统计整数 dig 中数字 n(0<n≤9)出现的次数。例如，count_dig(123242,2)的返回值为 3。

分析：在函数 count_dig 中，统计实参 n 出现的个数可以按以下步骤进行。

(1) 获取实参 dig 的个位数，判断其个位数是否等于 n，若等于 n 则统计 n 出现的个数。

(2) 将实参 dig 除以 10；若 dig>0，重复步骤(1)的操作，否则，返回 n 的个数，并返回主调函数。

```
#include<stdio.h>
int count_dig(int dig,int n);
void main()
{
   int dig,n,r;
   scanf("%d%d",&dig,&n);
   r=count_dig(dig,n);
   printf("%d 出现的次数：%d\n",n,r);
   system("pause");
}
int count_dig(int dig,int n)
{
   int g,count=0;
   while(dig>0)
   {
      g=dig%10;                       /* 获取 dig 的个位数 */
      if(g==n)                        /* 判断 dig 的个位数是否等于 n */
      count++;                    /* 统计 n 出现的次数 */
      dig=dig/10;                    /* 去除 dig 的个位数 */
   }
   return (count);
}
```

程序运行结果：

```
1236282 2↵
2 出现的次数:3
```

本 章 小 结

本章介绍了函数的定义、调用和函数的返回值，以及局部变量和全局变量、内部函数和外部函数的基本概念及调用方式。

函数是 C 程序的基本组成单位。在程序中运用函数时，必须遵循“先定义、后使用”的基本原则。

函数的返回值是通过 return 语句实现的，返回值的类型应与函数的类型相一致；没有返回值的函数主要是完成相应的操作，函数类型应定义为 void。

在调用函数时，实际参数与形式参数的类型、数量必须一一对应。各函数之间(main 函数除外)可以相互调用，也可以嵌套调用，甚至可以递归调用。

根据变量的作用域不同，可以将变量分为全局变量和局部变量；根据存储方式和生存周期不同，可以将变量分为自动变量、静态变量、寄存器变量和外部变量。

根据函数在程序文件中的位置，可以将函数分为内部函数和外部函数。

习　　题

一、选择题

1. 对于 C 语言的函数，下列叙述正确的是(　　)。
   A. 函数的定义不能嵌套，但函数调用可以嵌套
   B. 函数的定义可以嵌套，但函数调用不能嵌套
   C. 函数的定义和调用都不能嵌套
   D. 函数的定义和调用都可以嵌套
2. 以下说法正确的是(　　)。
   A. 对于用户自定义函数，在使用之前必须声明
   B. 声明函数不必指出其类型标识符
   C. 函数可以返回一个值，也可以什么值也不返回
   D. C 语言中不允许出现空函数
3. 以下说法错误的是(　　)。
   A. 实参可以是常量、变量或表达式
   B. 形参可以是常量、变量或表达式
   C. 实参可以是用户自定义函数
   D. 形参与其实参对应的数据类型应一致
4. 以下正确的函数定义形式是(　　)。
   A. void fun(int x,int y);
   B. void fun(int x;int y)
   C. void fun(int x,int y){ }
   D. void fun(int x,y);
5. 以下函数调用语句中含(　　)个实参。

```
fun((exp1,exp2),(exp3,exp4,exp5));
```

   A. 1　　B. 2　　C. 3　　D. 4
6. 若定义一个函数，该函数中没有 return 语句，则正确的说法是(　　)。
   A. 该函数没有返回值
   B. 该函数可以返回若干个系统默认值
   C. 该函数能返回一个用户希望的值
   D. 该函数将返回一个不确定的值
7. 以下程序运行的结果为(　　)。

```
#include<stdio.h>
float fun(int x,int y)
{
   return (x+y);
}
```

```
void main()
{
   int a=2,b=5,c=8;
   printf("%3.0f\n",fun((int)fun(a+c,b),a-c));
   system("pause");
}
```

A. 编译出错　　B. 9　　C. 21　　D. 9.0

8. 下列程序运行的结果为(　　)。

```
#include<stdio.h>
int fun(int a,int b)
{
   int c;
   c=a+b;
   return c;
}
void main()
{
   int x=6,y=7,z=8,r;
   r=fun((x--,y++,x+y),z--);
   printf("%d\n",r);
   system("pause")
}
```

A. 11　　B. 20　　C. 21　　D. 31

9. 下列程序运行后，a 的值为(　　)。

```
void  fun()
{
   static int a=1;
   ++a;
}
void main()
{
   fun();
   fun();
   fun();
}
```

A. 1　　B. 2　　C. 3　　D. 4

10. 以下函数返回值的类型是(　　)。

```
fun(float x)
{
   float y;
   y=2*x-10;
   return y;
}
```

A. int　　B. 不确定　　C. float　　D. void

二、填空题

下列给定程序中，函数fun()的功能是：根据整型形参n的值计算下列公式的值

$$t=1-\frac{1}{2\times 2}-\frac{1}{3\times 3}-\ldots-\frac{1}{n\times n}$$

例如，n=7时，t=0.488203。

```
#include<stdio.h>
____①____ fun(int n)
{
    double y=1.0;
    int i;
    for(i=2;i<n;i++)
       ____②____;
    return y;
}
void main()
{
     int n;
     scanf("%d",&n);
     printf("result is:%f \n",____③____);
     system("pause");
}
```

三、改错题

给定程序中，函数fun(int m)的功能是：根据形参m，计算下列公式的值

$$t=1+\frac{1}{2}+\frac{1}{3}+\ldots+\frac{1}{m}$$

例如，若输入5，则输出2.283333。

在每一行“/**********ERROR***********/”的下方有一处错误，请更正，不得改动程序的其他部分。

```
#include<stdio.h>
double fun(int m)
{
    double  t=1.0;
/****************ERROR*****************/
    int i;
    for(i=1;i<=m;i++)
/****************ERROR****************/
       t+=1.0/k;
    return  t;
}
void main()
{
    int m;
    printf("\n please enter a integer number");
    scanf("%d",&m);
```

```
/******************ERROR*****************/
    printf("result is %f\n",m);
    system("pause");
  }
```

四、编程题

1. 编写一个函数 area()，其功能是根据给定的三角形三条边 a、b、c，计算三角形的面积。

2. 编写函数 fun(int m)，其功能是计算 3 到 m 之间的所有素数之和。

3. 编写一个函数 fun(int n)，其功能是判断一个正整数 n 是否为素数。并运用该函数找出 10000 以内最大的三个素数。

4. 编写函数 fun(int n)，其功能是计算下列表达式的值

$$s=\frac{2^2}{1\times3}\times\frac{4^2}{3\times5}\times\ldots\frac{(2n-1)^2}{(2n-1)\times(2n+1)}$$

例如，当 n=100 时，函数的返回值应为 1.566893。

第 7 章
预 处 理

【本章要点】

● 预处理命令

【学习目标】

● 掌握预处理命令

所谓预处理，就是指源程序被正式编译之前所进行的处理工作。“预处理命令” 的作用是通知编译系统，在对源程序进行编译之前应该做些什么。

C 语言在执行一个 C 程序时，如果程序中有预处理命令，则首先进行编译预处理，即根据预处理命令对源程序进行预先处理，然后将经过预处理的源程序编译成目标文件，再进行目标文件的链接，当这些工作都顺利通过后，最后执行目标代码。

预处理指令以“#”开头，在行结尾处没有分号。

C 语言的预处理命令主要有 3 大类：宏定义、文件包含和条件编译。

7.1 宏 定 义

在 C 语言中，通过定义一个标识符来表示一个字符串，就称为宏，标识符称为宏名。在编译预处理过程中，会将宏名替换成它所代表的字符串，这一过程称作宏代换或宏展开。宏定义是通过#define 和#undef 命令实现。

7.1.1 #define 命令

#define 是宏定义命令，它的语法格式一般有两种形式：带参数和不带参数。

1) 不带参数的宏定义

```
#define 标识符 字符串
```

例如：

```
#define PI 3.14
```

其中，PI 是宏名。该命令的作用是把程序中在该命令之后出现的所有标识符 PI 均用 3.14 代替，其优点在于，能使用户以一个简单的名字代替一个长的字符串，从而提高程序的可读性。

【实例 7-1】 不带参数的宏定义应用示例。

```
#include <stdio.h>
#define PI 3.14
void main()
{
    int r;
    float area;
    scanf("%d",&r);
    area=r*r*PI;
    printf("area=%f\n",area);
    system("pause");
}
```

程序运行结果：

```
10↵
area=314.000000
```

程序说明：程序中，用字符串 3.14 代替宏名 PI，进行宏展开。因为宏展开就是用字符串代替宏名，所以语句 area=r*r*PI; 进行宏展开后成为了 area=r*r*3.14;。

2) 带参数的宏定义

```
#define 宏名(参数表) 字符串
```

例如：

```
#define f(x,y)  x+y
```

【实例 7-2】 带参数的宏定义应用示例。

```
#include <stdio.h>
#define  m(x,y)  x+y
void main()
{
    int a=2,b=3,c;
    c=10*m(a,b)+20;                    /* 等价于 c=10*a+b+20;  */
    printf("c=%d\n",c);
    system("pause");
}
```

程序运行结果:

```
c=43
```

程序说明：

在程序中，宏展开时，宏名被替换的同时，相应的参数也要替换。m(a,b)被 a+b 替代，所以程序语句“c=10*m(a,b)+20;”等价于“c=10*a+b+20;”，所以最终计算结果为 c=10*2+3+20=43。

切记不可将宏先行计算，再带入计算表达式。如先计算 m(a,b)=a+b=5，再带入表达式 c=10*m(a,b)+20=10*5+20=70 是错误的。

7.1.2 #undef 命令

#undef 命令就是解除宏定义，它的语法格式一般如下：

```
#undef 宏名
```

例如：

```
#undef  MAX(x,y)
```

【实例 7-3】 #undef 命令的程序示例。

```
#include <stdio.h>
#define N 2000                         /* 定义宏 N */
void judge();
void main()
{
    printf("N=%d\n",N);
```

```
    judge();
    system("pause");
}
#undef N                                 /* 解除宏定义N */
#define N 3000                           /* 重新定义宏N */
void judge()
{
    printf("N=%d\n",N);
}
```

程序运行结果:

```
N=2000
N=3000
```

程序说明：程序中，第一次出现的 N 被替换成字符串 2000，由于遇到了#undef N 语句，因此解除宏定义。第二次重新宏定义 N，则 N 被替换为新的字符串 3000。

提示：通常情况下，为了与源程序中的变量名有所区别，宏名一般用大写字母表示。宏定义单独占用一行，可以出现在程序的任意位置。宏定义的有效范围是从宏定义位置开始到#undef 命令位置处或到所有程序结束处。

7.2 文件包含

#include 被称为预包含命令。通常有两种语法形式:

```
#include"文件名"
```

或

```
#include<文件名>
```

其中，“文件名”和<文件名>的区别在于查找指定文件的位置不同。尖括号< >是直接到系统指定的目录内查找文件；双引号“”是按照源程序所在路径查找文件，如果找不到就再到系统指定的目录查找。

如果文件定位成功(否则会显示编译错误)，预处理器会用该文件的内容替换#include 命令所在的行，替换后的代码再被编译器编译。

【实例 7-4】 文件包含示例。在同一文件夹下有两个文件 file_1.h 和 file_2.c，它们的内容分别如下。

file_1.h(头文件):

```
float area(int r)
{
   return r*r*3.14;
}
```

file_2.c(源文件):

```
#include<stdio.h>
#include "file_1.h"
void main()
{
    int a;
    scanf("%d",&a);
    printf("area=%f\n",area(a));
    system("pause");
}
```

file_2.c 经过预处理，交给编译器的代码如下：

```
#include<stdio.h>
float area(int r)
{
    return 3.14*r*r;
}
void main()
{
    int a;
    scanf("%d",&a);
    printf("area=%f\n",area(a));
    system("pause");
}
```

提示： C 语言允许一个源文件中包含另一个文件(称为文件包含)。一行只允许写一个#include 命令。一般将#include 命令行写在程序的开头，所以将#include 命令后面的文件称为“头文件”，所包含的文件的扩展名不一定都是 h，可以是其他类型。

7.3　条件编译

预处理命令中的条件编译具有剪裁源程序代码的功能，使得某些代码仅在特定的条件成立时被编译并执行，从而产生不同的目标文件代码，这对于程序的移植和调试是很有用的。具体通过#if、#ifdef、#ifndef、#else、#endif 等组合实现。

下面为一段条件编译的代码：

```
#define  FLAG  0
#if FLAG
int apple,orange;
int count;
#else
long banana;
long pear;
#endif
```

以上代码经过预处理器，根据 FLAG 的真假来选择执行相应的代码，因为 FLAG 定义

为 0，表示为“假”，所以执行第 6 行和第 7 行的语句。

条件编译一般有如下 3 种形式。

1. 第一种形式

```
#if 常量表达式
    程序段 1
[#else                              /*此部分为可选项 */
    程序段 2]
#endif
```

功能：如果常量表达式的值为真(非 0)，则编译“程序段 1”，否则编译“程序段 2”。

【实例 7-5】 条件编译命令程序举例：求解一个圆的面积或周长。

```
#include <stdio.h>
#define PI 3.1416
#define R 1
void main()
{
    float r=0,s=0,l=0;
    printf("plcase input the radius=");
    scanf("%f",&r);
    #if R
        l=2*PI*r;
        printf("len=%f\n",l);
    #else
        s=PI*r*r;
        printf("area=%f\n",s);
    #endif
system("pause");
}
```

程序运行结果：

```
please input the radius=10 ↵
len=62.832001
```

程序说明：本程序中 R 被 1 替换，因此在下面的条件编译中，#else 后面的程序段相当于被裁减掉，只执行求解周长的代码部分；如果修改上面的宏定义，将 1 改为 0，就可实现求解圆面积。

2. 第二种形式

```
#ifdef 标识符
    程序段 1
[#else                         /*此部分为可选项 */
    程序段 2]
#endif
```

功能：如果#ifdef 后面的“标识符”在此之前已经用#define 定义过，则执行“程序段

1”，否则执行“程序段 2”。

【实例 7-6】 条件编译命令用法示例：寻找两个数中的大数或小数。

```
#include <stdio.h>
void main()
{
    int a = 0,b = 0,min = 0,max = 0;
    printf("please input two numbers:\n");
    scanf("%d%d",&a,&b);
    #ifdef  NUM
        max = a>b?a:b;
        printf("bigger=%d\n",max);
    #else
        #define NUM 100
        min = a<b?a:b;
        printf("smaller=%d\n",min);
    #endif
        system("pause");
}
```

程序运行结果：

```
please input two numbers:
66 99 ↵
smaller=66
```

程序分析：本程序中，因为在条件编译之前没有定义过宏 NUM，所以条件编译的最终结果是求最小值。

3. 第三种形式

```
#ifndef 标识符
    程序段 1
[#else              /* 此部分为可选项 */
    程序段 2]
#endif
```

功能：#ifndef 的功能恰好和#ifdef 相反，如果“标识符”未定义，则执行“程序段 1”，否则执行“程序段 2”。

条件编译是 C 语言一个非常重要的功能，几乎所有的大型软件都会用到，如有些软件运用条件编译可以使一套代码编译出精简版、专业版等多种版本。

本 章 小 结

C 语言的预处理命令主要包括 3 种：宏定义、文件包含和条件编译。

(1) 宏定义是用一个标识符(宏名)来代表一个字符串，在编译时，会把宏名替换为它所代表的字符串。

(2) 文件包含是把一个或多个指定文件嵌入到现行的源程序文件中，再对嵌入的源程序文件进行编译处理。

(3) 条件编译是根据外部定义的条件去编译不同的程序部分，这样可使同一源程序文件在不同的编译条件下对不同的代码进行编译，从而得到不同的目标代码文件。

习　　题

选择题

1. 以下叙述中不正确的是(　　)。
   A. 预处理命令行都必须以#号开始
   B. 在程序中凡是以#号开始的语句行都是预处理命令行
   C. 宏替换不占用运行时间，只占用编译时间
   D. 以下定义是正确的：#define　PI　3.1415926
2. 以下关于宏的叙述中，正确的是(　　)。
   A. 宏名必须用大写字母表示
   B. 宏定义必须位于源程序中的所有语句之前
   C. 宏替换没有数据类型限制
   D. 宏调用比函数调用耗费时间
3. C 语言编译系统对宏命令是(　　)。
   A. 在程序运行时进行代换处理
   B. 在程序链接时进行处理的
   C. 和源程序中其他 C 语句同时进行编译
   D. 在对 C 源程序中其他成分正式编译之前进行处理
4. 以下程序的输出结果是(　　)。

```
#include<stdio.h>
#define  f(x,y)  x*y
void  main()
{
    int a=6, b=2, c;
    c=f(a,b)/f(a+a,b+b);
    printf("%d\n",c);
    system("pause");
}
```

   A. 29　　　　B. 16　　　　C. 18　　　　D. 6

5. 以下程序的输出结果是(　　)。

```
#include<stdio.h>
#define  PT  5.5
#define  S(k)   PT*k*k
void  main()
{
```

```
    int  a=1, b=2;
    printf("%4.1f\n",S(a+b));
    system("pause");
}
```

A. 49.5　　B. 9.5　　C. 22.0　　D. 45.0

6. 以下程序的输出结果是(　　)。

```
#include<stdio.h>
#define  MIN(x,y)   (x)<(y)?(x):(y)
void  main()
{
    int  a=10, b=15, k;
    k=10*MIN(a,b);
    printf("%d\n",k);
    system("pause");
}
```

A. 15　　B. 10　　C. 150　　D. 100

7. 以下程序中的 for 循环执行的次数是(　　)。

```
#include<stdio.h>
#define  N  2
#define  M  N+1
#define  NUM  2*M+1
void  main()
{
    int i;
    for(i=1; i<NUM; i++)
    printf("%d\n",i);
    system("pause");
}
```

A. 5　　B. 8　　C. 6　　D. 15

8. 要想正确使用数学计算绝对值函数 abs()，则要使用(　　)预处理命令。

A. #include<stdio.h>　　B. #include<string.h>

C. #include<math.h>　　D. #include<file.c>

9. 以下正确的预处理命令是(　　)。

A. define　PI　3.1415926　　B. #define　P(a,b)　a+b*10;

C. #define　stdio.h　　D. #define　MAX　123456

10. 设有宏定义#define　PI　3.1416，则宏名 PI 代替一个(　　)。

A. 单精度浮点数　　B. 双精度浮点数

C. 字符串　　D. 常量

第8章
数　组

【本章要点】

- 数组的概念、意义
- 数组的定义、初始化、数组元素的引用以及数组的应用
- 字符数组与字符串，字符串处理函数的应用
- 数组做函数参数

【学习目标】

- 了解数组的概念及用途
- 掌握一维数组、二维数组、字符数组的定义、初始化、元素的引用
- 掌握字符串与字符数组的关系，字符处理函数及数组做函数参数的用法

8.1 概　　述

C 语言中的数据类型除了整型、实型、字符型等基本数据类型外，还包含构造数据类型。构造类型是由基本数据类型按一定规则组合而成的一种数据类型，常见的有数组类型、结构体类型和共用体类型等。

在现实中，经常会遇到对大批数据需要集中进行处理的情况，例如：要把某班级 45 名学生的“C 语言程序设计”课程的成绩由大到小输出。这个现实问题可分解为 3 个小问题：

(1) 输入 45 个同学的“C 语言程序设计”成绩并存储下来。

(2) 对这 45 个成绩进行排序。

(3) 输出排序后的学生成绩。

按照一般思路，存储 45 个成绩需要定义 45 个整型变量，然后依次输入成绩。则有：

```
…
int a1,a2, …,a45;                   /*定义 45 个整型变量*/
scanf("%d",&a1);                   /*输入第一个成绩*/
…                                   /*输入第 2 个成绩、第 3 个成绩…*/
scanf("%d",&a45);                  /*输入第 45 个成绩*/
…
```

接下来需要对这 45 个成绩进行排序，根据目前所学的知识，仅仅依靠 if 语句对 45 个整数进行排序，程序的算法相当烦琐。所以，我们需要更简洁、更高效的算法来处理大批量数据，就有必要引入数组。

数组是同类型数据的有序集合，数组中的成员称为数组元素，具有以下特点：

(1) 数组中的元素具有相同的数据类型。

(2) 数组中的元素存储在一片连续的内存区域中。

(3) 数组中元素的先后次序确定，每个元素都可以通过数组下标来标识。

对上例中的 45 个同学的“C 语言程序设计”成绩，可以定义一个整型数组 a，通过下标来区分这 45 个成绩，即 a[0]，a[1]，a[2]，…，a[44]，都是整型变量，具有相同的名字，可以用不同的下标来区分，且下标的变化是有规律的。

数组元素下标的个数称为数组的维数。根据数组的维数，可以将数组分为一维数组和多维数组(包括二维数组、三维数组、……)。

8.2 一 维 数 组

只有一个下标的数组称为一维数组。一维数组中的所有元素用一个相同的名称来标识，用不同的下标值来指示各元素在数组中的位置，默认下标值从 0 开始。

8.2.1 一维数组的定义

在 C 语言中，数组必须先定义后使用。一维数组的定义形式如下：

```
类型名　数组名[常量表达式];
```

其中，“类型名”可以是基本数据类型或构造数据类型；“数组名”是用户定义的标识符；方括号中的“常量表达式”表示数组元素的个数，也称为数组的长度。例如：

```
int a[5];           /* 定义整型数组 a，含有 5 个元素 */
float b[10],c[20];  /* 定义单精度数组 b、c，数组 b 含有 10 个元素；数组 c 含有 20 元素 */
char str[12];       /* 定义字符数组 str，含有 12 个元素 */
```

说明：

(1) “数组名”的命名符合标识符命名规则，但不能与其他变量重名。例如，以下数组的定义就是错误的。

```
int x;
float x[5];              /* 与整型变量 x 重名 */
```

(2) 数组的长度必须在定义时指定，数组的长度必须是整型常量或整型常量表达式，不允许为变量或者变量表达式，且在程序运行过程中不允许改变。

例如，下面的数组定义是合法的。

```
#define N 5
int a[N];                      /*数组长度 N 为符号常量*/
char b[2+3];                   /*数组长度 2+3 为整型表达式*/
float c[20];                   /*数组长度为整型常量*/
```

下面数组的定义不合法。

```
int n=5;                      /*n 为变量*/
int a[n];                     /*数组长度 n 为变量*/
char  str[n+6];                /*数组长度 n+6 为变量表达式*/
```

(3) 允许在同一个类型定义中，定义多个数组和多个变量。例如：

```
int a,b,k1[10],k[20];      /*定义了整型变量 a,b 和整型数组 k1,k2*/
```

(4) 数组定义后，系统会在内存中分配一段连续的空间用于存放数组元素，数组名是这段存储空间的首地址，分配的内存空间大小为：数组长度×sizeof(数组数据类型)。例如有数组定义“int a[5];”，则其在内存中的存储形式如图 8-1 所示。

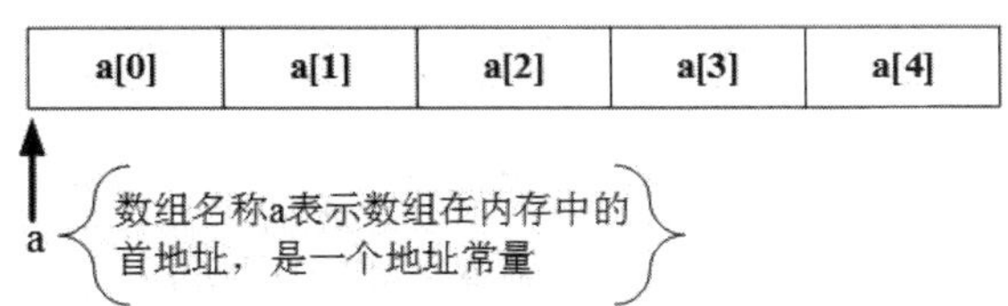

图 8-1　一维数组在内存中的存储形式

8.2.2　一维数组的初始化

数组元素也是一种变量，与普通变量的用法一样，可以使用赋值语句为数组元素逐个赋值，此外也可以采用初始化赋值和动态赋值的方法。

数组元素初始化是指在数组定义时就给数组元素赋予初值。一维数组的初始化通常可以采用以下 3 种方式。

(1) 对数组中的全部元素初始化。例如：

```
int a[5]={0,10,20,30,40};
```

其中，{ }中的各数值即为各元素的初值，各值之间用逗号间隔。数组中的各个元素根据排列次序依次被赋予初值，即 a[0]=0，a[1]=10，a[2]=20，a[3]=30，a[4]=40。需要注意的是，即使每个元素值都相同也必须逐个写出来。例如，整型数组 a[6]中的 6 个元素全部为 2，初始化应该写成：

```
int a[6]={2,2,2,2,2,2};
```

而不能写成：

```
int a[6]=2;
```

(2) 只对数组中的部分元素赋初值。例如：

```
int a[6]={1,2,3,4};
```

当{ }中值的个数小于数组长度时，只给前面部分元素赋初值，其余元素由系统根据数据类型自动赋值。则有：a[0]=1，a[1]=2，a[2]=3，a[3]=4，其余元素由于数据类型是 int 而被系统自动赋 0 值，即 a[4]=0，a[5]=0。

(3) 为数组的全部元素赋初值时，可以不指定数组的长度。例如：

```
int a[]={1,2,3,4,5};
```

等价于：

```
int a[5]={1,2,3,4,5};
```

系统会根据花括号中初值的个数，自动确定数组 a 的长度为 5。

8.2.3　一维数组元素的引用

数组定义后，便可以引用数组的各个元素。

数组元素的引用方式一般表示如下：

```
数组名[下标]
```

其中，“下标”可以为整型的常量、变量或整型表达式。数组元素的下标从 0 开始，其有效范围是 0 到 N−1(N 为数组的长度)。例如，a[3],a[i*j],a[i+j],a[i++],a[--i]都是合法的数组元素的引用。

数组元素通常也称为下标变量。在 C 语言中，只能逐个地引用数组元素，不能一次引用整个数组。例如，有 10 个元素的数组，可以使用循环语句逐个输出各数组元素：

```
for(i=0; i<10; i++)
  printf("%d", a[i]);
```

而不能写成以下形式：

```
for(i=0; i<10; i++)
  printf("%d",a);              /*a 是数组名，是一个地址常量，不是数组元素的值*/
```

提示：如果数组元素的下标越界，则在编译时系统不会作相应的检查。

【实例 8-1】 定义一个数组并为数组赋初值，然后输出数组中的元素。

```
#include <stdio.h>
void main()
{
   int i,a[10]={3,6,9,12,15,18,21,24,27,30};        /*给数组 a 赋初值*/
   for(i=0;i<10;i++)                                 /*循环输出数组元素*/
      printf("%4d",a[i]);
   system("pause");
}
```

程序运行结果：

```
3   6   9  12  15  18  21  24  27  30
```

数组除了初始化赋值方式和用赋值语句给数组元素赋值外，可以在程序执行过程中对数组元素进行赋值。

```
int i,a[10];
for(i=0;i<10;i++)                       /*使用循环对数组元素动态赋值*/
  scanf("%d",&a[i]);
```

执行 for 语句时，将逐个从键盘输入 10 个数到数组 a 中。

【实例 8-2】 从键盘输入 5 个学生的身高存放于一个数组中，并显示他们的身高。

```
#include <stdio.h>
void main()
{
  int i;
  float height[5];                       /* 用数组元素存储学生的身高 */
  printf("Input student's height:");
  for(i=0;i<5;i++)
      scanf("%f",&height[i]);           /*输入学生身高*/
  for(i=0;i<5;i++)
     printf("%5.2f",height[i]);         /*输出学生身高*/
  system("pause");
}
```

程序运行结果：

```
Input student's height:1.75 1.70 1.78 1.89 1.82 ↵
 1.75 1.70 1.78 1.89 1.82
```

8.2.4 一维数组的应用

【实例 8-3】 从键盘输入 10 个整数，计算其最大值、最小值和平均值。

```
#include <stdio.h>
void main()
{
  int i,a[10],max,min,sum=0;
  float avg;
  printf("input 10 numbers:\n");
  for(i=0;i<10;i++)
    scanf("%d",&a[i]);                          /*数组元素赋值*/
  max=min=sum=a[0];
  for(i=1;i<10;i++)
   {
     if(a[i]>max)                               /*判断最大值*/
        max=a[i];
     if(a[i]<min)                               /*判断最小值*/
        min=a[i];
     sum=sum+a[i];                              /*计算总和*/
   }
   avg=sum/10.0;                                /*计算平均值*/
   printf("max=%d,min=%d,avg=%5.2f \n",max,min,avg);
   system("pause");
}
```

程序运行结果：

```
input 10 numbers:
23 45 -23 49 200 54 69 60 80 12 ↵
max=200,min=-23,avg=56.90
```

【实例 8-4】 计算 Fibonacci 数列的前 20 项，并且在屏幕上以每行 5 个输出数据。

分析：Fibonacci 数列的前两项均为 1，从第三项开始每项的值为其前面两项之和。其公式如下：

$$f_{\mathrm{n}}=\begin{cases}1 & (n=1,n=2)\\ f_{n-1}+f_{n-2} & (n\geqslant 3)\end{cases}$$

根据公式，有以下计算表达式：

f[2]=f[0]+f[1]

f[3]=f[1]+f[2]

……

f[19]=f[17]+f[18]

因此归纳总结为：

f[i]=f[i-2]+f[i-1], i=2,3,…,19

程序如下：

```
#include <stdio.h>
#define  N 20
void main()
{
   int i;
   int f[N]={1,1};                    /*初始化数组的前两项*/
   for(i=2;i<N;i++)
     f[i]=f[i-2]+f[i-1];      /*从第 3 项开始，每循环一次，计算一项*/
   for(i=0;i<N;i++)
    {
       if(i%5==0)                     /*一行显示 5 个数据*/
       printf("\n");
       printf("%-10d",f[i]);
    }
    system("pause");
}
```

程序运行结果：

```
1         1         2         3         5
8         13        21        34        55
89        144       233       377       610
987       1597      2584      4181      6765
```

【实例 8-5】 将含有 10 个元素的数组逆序存储并输出。

分析：根据题意，将数组中的元素首尾对换就可以达到逆序存储的目的。相互交换的元素依次为:

a[0] ←交换→ a[9]

a[1] ←交换→ a[8]

a[2] ←交换→ a[7]

a[3] ←交换→ a[6]

a[4] ←交换→ a[5]

共有 5 组元素交换，每组交换的元素的下标之和为 9。因此归纳为:

a[i] ←交换→ a[9-i]，i 的取值范围为 0～4。

程序如下：

```
#include <stdio.h>
void main()
{
  int i,j,a[10],tmp;
  printf("input 10 numbers:\n");
  for(i=0;i<=9;i++)
    scanf("%d",&a[i]);                /*数组元素赋值*/
  printf("逆序存储结果为：\n" );
  for(i=0;i<=4;i++)                    /*将 5 组元素相互交换*/
   {
      tmp=a[i];
```

```
        a[i]=a[9-i];
        a[9-i]=tmp;
    }
  for(i=0;i<=9;i++)                          /*显示交换后的数组元素*/
      printf("%4d",a[i]);
  printf("\n");
 system("pause");
}
```

程序运行结果：

```
input 10 numbers:
11   21   31   41   51   61   71   81   91   100 ↵
```

逆序存储结果：

```
100 91   81   71   61   51   41   31   21   11
```

8.2.5 排序算法

排序是生活和工作中经常要用到的操作。高效的排序算法将极大地提高人们的操作和工作效率。排序是将一组数据按一定的规律重新排列，这里介绍两种常见的排序算法：选择排序、冒泡排序。

1. 选择排序法

基本思路：取数组中的每个元素和其后所有的元素依次进行比较，若某个元素值小于当前元素值时，则将该元素和当前元素交换位置。以上阐述的是升序思路，降序则相反。

假设数组长度为 N，具体步骤如下。

第 1 轮：取出数组的第 1 个元素，与其后的每个元素依次比较。在比较过程中，若某个元素小于第 1 个元素，则将该元素和第 1 个元素交换，第 1 轮比较 N−1 次后，数组中最小的元素位于第 1 个元素的位置上。

第 2 轮：取出第 2 个元素，与其后的每个元素依次比较。在比较过程中，若某个元素小于第 2 个元素，则将该元素和第 2 个元素交换，第 2 轮比较 N−2 次后，次小的数位于第 2 个元素的位置；

按照上面的规律依次进行。

第 N−1 轮：取第 N−1 个元素和最后 1 个元素进行比较，如果第 N 个元素小于第 N−1 个元素，就将这两个元素交换。

经过 N−1 轮比较，N 个数组元素就被按升序的次序依次排列到位。

例如，假设有 5 个数：78、30、12、−6、56，选择排序的过程如下，带边框的数为已排好序的数。

初始值：　　78　30　12　−6　56

第 1 轮比较　第 1 次：　78　30　12　−6　56　　/*30<78，交换位置*/

第 2 次： 30 78 12 −6 56 /*12<30，交换位置*/

第 3 次： 12 78 30 −6 56 /*−6<12，交换位置*/

第 4 次： −6 78 30 12 56 /*56>−6，不用交换*/

第 1 轮比较过后，数组元素的排序结果为：

-6 78 30 12 56

第 2 轮比较 第 1 次： -6 78 30 12 56 /*30<78，交换位置*/

第 2 次： -6 30 78 12 56 /*12<30，交换位置*/

第 3 次： -6 12 78 30 56 /*56>12，不用交换*/

第 2 轮比较过后，数组元素排序为：

-6 12 78 30 56

按照这个规则继续比较，第 3 轮比较过后数组元素排序为：

-6 12 30 78 56

第 4 轮比较过后数组元素排序为：

-6 12 30 56 78

程序如下：

```
#include <stdio.h>
#define  N 5
void main()
{
  int i,a[N],j,k,temp;
  printf("请输入%d 个数:\n",N);
  for(i=0;i<=N-1;i++)                          /*输入数组元素的值*/
     scanf("%d",&a[i]);
  printf("\n 排序前的数组为 :\n");
  for(i=0;i<=N-1;i++)                          /*排序前输出数组元素*/
     printf("%4d",a[i]);
  printf("\n");
  for(j=0;j<=N-2;j++)                          /*j 代表每轮取出的数的下标*/
  {
      for(k=j+1;k<=N-1;k++)                    /*k 代表每轮要比较的数的下标范围*/
         if(a[j]>a[k])                         /*若 a[k]小于当前数 a[j]，则交换*/
           {
             temp=a[j];
             a[j]=a[k];
             a[k]=temp;
           }
   }
```

```
 printf("\n 排序后的数组为 :\n");
 for(i=0;i<=N-1;i++)                              /*排序后输出数组元素*/
   printf("%4d",a[i]);
  system("pause");
}
```

程序运行结果：

```
请输入 5 个数:
78  30  12  -6  56 ↵
排序前的数组为 :
78  30  12  -6  56
排序后的数组为 :
-6  12  30  56  78
```

提示：若有 N 个元素，则选择排序法需要进行 N-1 轮次的比较。第 1 轮取第 1 个元素与其后的 N-1 个元素比较 N-1 次，第 1 轮比较结束后将最小的数值换到第 1 个元素的位置，以后每一轮都是在上一轮剩余的数中查找最小的数，并将其换到相应的位置上，而且每轮比较的数依次少一个。

若要实现降序的排列次序，只需将语句 if(a[j]>a[k]) 更换为 if(a[j]<a[k]) 即可。

2. 冒泡排序法

基本思路：将数组中的每个元素和其后相邻的元素两两进行比较，若不满足要求的次序，则二者交换位置。

以升序为例，具体步骤如下。

第 1 轮：第 1 个元素和第 2 个元素比较，若第 1 个元素大于第 2 个元素，则两个元素互换位置；然后第 2 个元素和第 3 个元素进行比较，若第 2 个元素大于第 3 个元素，则两个元素互换位置，……，依此类推，第 1 轮结束后，最大的数成为数组最后一个元素。

第 2 轮：再从第 1 个元素和第 2 个元素开始比较，若第 1 个元素大于第 2 个元素，则两个元素互换位置；第 2 个元素与第 3 个元素进行比较，……，一直比较到倒数第 2 个数。第二轮结束后，次大的数成为数组倒数第 2 个元素。

以下每一轮的比较都按照上面的规律依次进行。

第 N-1 轮：只需比较第一个和第二个元素即可，仍然遵循“左大右小”时交换位置。

经过 N-1 轮比较，N 个数组元素被按升序排列好次序。

例如，5、9、6、8、4 冒泡排序的过程如下，带边框的数为已排好序的数。

初始值：		5	9	6	8	4	
第 1 轮比较	第 1 次：	5	9	6	8	4	/*5<9，不用交换*/
	第 2 次：	5	9	6	8	4	/*9>6，交换位置*/

第3次： 5 6 9 8 4 /*9>8，交换位置*/

第4次： 5 6 8 9 4 /*9>4，交换位置*/

第1轮比较过后，数组元素的排序结果为：5、6、8、4、9。

第2轮比较 第1次： 5 6 8 4 9 /*5<6，不用交换*/

第2次： 5 6 8 4 9 /*6<8，不用交换*/

第3次： 5 6 8 4 9 /*8>4，交换位置*/

第2轮比较过后数组元素排序为：5、6、4、8、9。

第3轮比较 第1次： 5 6 4 8 9 /*5<6，不用交换*/

第2次： 5 6 4 8 9 /*6>4，交换位置*/

第3次： 5 4 6 8 9

第3轮比较过后数组元素排序为：5、4、6、8、9。

第4轮比较 第1次： 5 4 6 8 9 /*5>4，交换位置*/

第2次： 4 5 6 8 9

第4轮比较过后数组元素排序为：4、5、6、8、9。

程序如下：

```
#include <stdio.h>
#define N 5
void main()
{
  int i,a[N],j,k,temp;
  printf("请输入%d 个数:\n",N);
  for (i=0;i<=N-1;i++)                       /*输入数组元素*/
     scanf("%d",&a[i]);
  printf("\n 排序前的数组为 :\n");
  for(i=0;i<=N-1;i++)                        /*输出排序前的数组元素*/
     printf("%4d",a[i]);
  for(j=1;j<=N-1;j++)                        /*j 代表循环比较的轮数*/
    for(k=0;k<=N-j-1;k++)                    /*k 代表每轮比较的次数*/
      if(a[k]>a[k+1])                        /*相邻的两个元素比较*/
       {
         temp =a[k];
         a[k]=a[k+1];
         a[k+1]=temp;
       }
  printf("\n 排序后的数组为 :\n");
  for(i=0;i<=N-1;i++)                        /*输出排序后的数组元素*/
```

```
    printf("%4d",a[i]);
  system("pause");
}
```

程序运行结果：

```
请输入 5 个数：
5  9  6  8  4 ↵
排序前的数组为：
5  9  6  8  4
排序后的数组为 ：
4  5  6  8  9
```

提示：冒泡排序对 N 个元素进行 N-1 轮比较，第 1 轮从第一个元素开始，取相邻的两个元素进行比较，共比较 N-1 次。第 1 轮比较结束后，最大的数值位于数组最后一个元素的位置上，以后每一轮都是在上一轮剩余的数中找到最大值，并将其放置在右侧相应的位置上，而且每一轮比较的数依次少一个。

8.3 二 维 数 组

具有多个下标的数组称为多维数组，其中最常用的是二维数组，二维数组有两个下标。本节重点介绍二维数组，多维数组可由二维数组类推而得到。

8.3.1 二维数组的定义

二维数组是以一维数组为基类型，即它的每一个元素又都是一个一维数组，这些一维数组的类型和长度相同。

二维数组定义的一般形式如下：

```
类型名 数组名[常量表达式 1][常量表达式 2];
```

其中，“类型名”是指数组的数据类型，即数据元素的类型。“常量表达式 1”为第 1 维的长度，表示该数组具有的行数；“常量表达式 2”为第 2 维的长度，表示该数组具有的列数，两个下标的乘积为该数组的元素个数。例如：

```
int a[2][3];
```

定义了一个 2 行 3 列的整型数组 a，共有 6 个数组元素，行下标的取值范围 0～1，列下标的取值范围为 0～2。二维数组元素的排列方式为：a[0][0]，a[0][1]，a[0][2]，a[1][0]，a[1][1]，a[1][2]。

二维数组在计算机内存中是按行优先的方式存储的，即第 1 行元素存放完后再存放第 2 行元素。二维数组 a 在内存中的存储方式如图 8-2 所示。

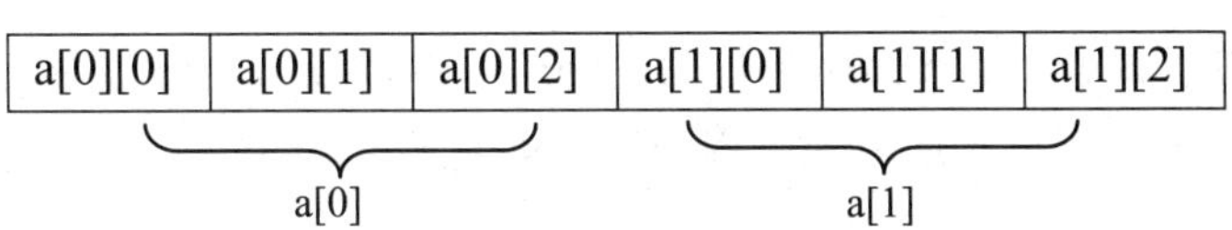

图 8-2　二维数组 a 在内存中的存储方式

8.3.2　二维数组的初始化

二维数组的初始化与一维数组类似，一般有如下 3 种方式。

1) 按行初始化

例如：

```
int a[5][3]={{80,75,92},{61,65,71},{59,63,70},{85,87,90},{76,77,85}};
```

赋初值的方法是：将第 1 个花括号内的数据赋给第 1 行的元素，第 2 个花括号内的数据赋给第 2 行的元素，……，第 5 个花括号内的数据赋给第 5 行的元素。

二维数组全部按行初始化时，也可以省略第一维(行下标)的大小，例如：

```
int a[][3]={{80,75,92},{61,65,71},{59,63,70},{85,87,90},{76,77,85}};
```

此时根据初值的具体情况确定第一维的大小。但应该注意，定义二维数组不可以省略第二维(列下标)或者同时省略两个维的大小。例如，以下形式是错误的：

```
int a[5][]={{80,75,92},{61,65,71},{59,63,70},{85,87,90},{76,77,85}};
int a[][]={{80,75,92},{61,65,71},{59,63,70},{85,87,90},{76,77,85}};
```

2) 按数组元素的顺序初始化数组

例如：

```
int a[5][3]={80,75,92, 61,65,71, 59,63,70, 85,87,90, 76,77,85};
```

将 15 个数值按行的排列次序依次给元素赋初值。相当于：

```
int a[5][3]={{80,75,92},{61,65,71},{59,63,70},{85,87,90},{76,77,85}};
```

3) 部分赋初值，其余元素自动取 0

例如：

```
int a[5][3]={{80,75},{61},{59,63,70},{85,87},{90}};
```

相当于：

```
int a[5][3]={{80,75,0},{61,0,0},{59,63,70},{85,87,0},{90,0,0}};
```

8.3.3　二维数组元素的引用

二维数组元素的引用方法如下：

```
数组名[下标1][下标2];
```

其中，下标为整型常量、整型变量或整型表达式。

提示：若定义一个二维数组 a[M][N]，则该二维数组元素行下标的取值范围为[0～M-1]，列下标的取值范围为[0～N-1]。

8.3.4 二维数组的应用

【实例 8-6】 有一个 3×4 的矩阵，编程求出其所有元素中的最大值及其行下标和列下标。

分析：设定 max 初始值为 a[0][0]，从数组的第一个元素逐次向下比较，若 max 小于数组元素的值，则 max 等于该数组元素的值，并用变量 row、col 记录当前数组元素的行下标、列下标。

```
#include <stdio.h>
void main()
{
  int i,j,row,col,max;        /*row 代表最大值的行下标，col 代表最大值的列下标*/
  int a[3][4];                /*定义一个二维数组用来存放该矩阵*/
  printf("请输入 12 个数:\n");
  for (i=0;i<3;i++)
     for(j=0;j<4;j++)
       scanf("%d",&a[i][j]);
  max=a[0][0];row=col=0;             /*假设 a[0][0]为最大*/
  for (i=0;i<3;i++)
     for(j=0;j<4;j++)
      {
        if(a[i][j]>max)
         {
          max=a[i][j];
          row=i;
          col=j;
         }
      }
  for (i=0;i<3;i++)
  {
      for(j=0;j<4;j++)
        printf("%5d",a[i][j]);          /*按 3 行 4 列形式输出*/
      printf("\n");
  }
  /*输出最大值及其行、列下标*/
  printf("max=%d,row=%d,col=%d\n",max,row,col);
  system("pause");
}
```

程序运行结果：

```
请输入 12 个数:
12  23  34  45  100  -2  55  67  98  432  12  27 ↵
   12   23   34   45
  100   -2   55   67
```

```
  98  432   12  27
max=432, row=2, col=1
```

【实例 8-7】 求 4×4 矩阵的主对角线上元素之和。

分析：主对角线上的元素是指 N×N 方阵中从左上角到右下角这条线上的元素，而且每个元素的行下标和列下标相同。例如 4×4 方阵的主对角线元素如图 8-3 所示，分别为：a[0][0]=12，a[1][1]=67，a[2][2]=97，a[3][3]=61。

12	23	34	45
56	67	75	27
41	39	97	64
32	21	49	61

图 8-3　主对角线元素

程序如下：

```
#include <stdio.h>
#define  N  4
void main()
{
   int i,j,a[N][N];
int sum=0;
   printf("请输入%d个数:\n",N*N);
   for(i=0;i<=N-1;i++)
    for(j=0;j<=N-1;j++)
       if(i==j)sum=sum+a[i][j];
   printf("sum=%d\n",sum);
   system("pause");
}
```

程序运行结果：

```
请输入16个数:
12  23  34  45 56  67  75  27  41  39 97  64  32  21  49  61↵
sum=237
```

提示：矩阵副对角线上的元素是指从矩阵右上角到左下角这条线上的元素，对于 4×4 的矩阵来说，副对角线上的元素分别为：a[0][3]、a[1][2]、a[2][1]、a[3][0]，即行下标与列下标之和为 3 的这些元素，如图 8-4 所示。

12	23	34	45
56	67	75	27
41	39	97	64
32	21	49	61

图 8-4　副对角线元素

【实例 8-8】 将一个 2×3 的矩阵进行转置。

分析：将一个 2 行 3 列的矩阵转置，就是将原矩阵中行的元素变成列的元素，即将第一行的元素变成第一列的元素，第二行的元素变成第二列的元素……。转置后由原来的 2 行 3 列矩阵转变为 3 行 2 列的矩阵，如图 8-5 所示，矩阵元素的转置过程如下：

a[0][0] ⟷ b[0][0]
a[0][1] ⟷ b[1][0]
a[0][2] ⟷ b[2][0]
a[1][0] ⟷ b[0][1]
a[1][1] ⟷ b[1][1]
a[1][2] ⟷ b[2][1]

$$\begin{bmatrix} 12 & 45 & 67 \\ 95 & 69 & 31 \end{bmatrix} \Rightarrow \begin{bmatrix} 12 & 95 \\ 45 & 69 \\ 67 & 31 \end{bmatrix}$$

图 8-5　2×3 矩阵转置

归纳为：a[i][j] ⟷ b[j][i]，i 的取值范围：0～1，j 的取值范围：0～2。

程序如下：

```
#include<stdio.h>
void main()
{
    int a[2][3],b[3][2],i,j;
    for(i=0;i<=1;i++)                    /* 输入数组元素的值*/
      for(j=0;j<=2;j++)
         scanf("%d",&a[i][j]);
    printf("原矩阵：\n");
    for(i=0;i<=1;i++)                    /* 输出原矩阵*/
     {
       for(j=0;j<=2;j++)
          printf("%4d",a[i][j]);
       printf("\n");
     }
    for(i=0;i<=1;i++)                    /*将矩阵转置*/
     for(j=0;j<=2;j++)
        b[j][i]=a[i][j];
    printf("转置后矩阵：\n");
    for(i=0;i<=2;i++)                    /* 输出转置后的矩阵 */
     {
       for(j=0;j<=1;j++)
          printf("%4d",b[i][j]);
       printf("\n");
     }
   system("pause");
}
```

程序运行结果：

```
12 45 67 95 69 31
原矩阵：
12  45  67
95  69  31
转置后矩阵：
12  95
45  69
67  31
```

8.4 字符数组与字符串

字符数组，顾名思义就是数组元素类型为字符的数组，每一个数组元素是一个字符常量或字符变量。

字符串(字符串常量)是用双引号(“ ”)括起来的若干有效字符序列。字符串可以包含字符、数字、符号、转义字符等。

C 语言中没有提供字符串变量，对字符串的处理常常采用字符数组来实现。

8.4.1 字符数组

字符数组是用来存放字符的数组。其定义和引用方式与前面所介绍的数组形式相同，只是定义的数据类型为字符型。字符数组既可以是一维的，也可以是多维的。

1. 字符数组的定义

一维字符数组的定义形式如下：

```
char 数组名[常量表达式];
```

例如：

```
char  ch[6];
```

二维字符数组的定义形式如下：

```
char 数组名[常量表达式 1] [常量表达式 2];
```

例如：

```
char  str[3][4];
```

2. 字符数组的初始化

就是以字符常量的形式对字符数组初始化。

1) 全部元素初始化

一维字符数组的初始化可以逐个地将字符赋给数组中的每个元素。例如：

```
char ch[10]={'C',' ','L','a','n','g','u','a','g','e'};
```

该语句执行后有：ch[0]=‘C’，ch[1]=‘ ’，ch[2]=‘L’，ch[3]=‘a’，ch[4]=‘n’，ch[5]=‘g’，ch[6]=‘u’，ch[7]=‘a’，ch[8]=‘g’，ch[9]=‘e’。字符数组全部元素的初始化状态如图 8-6 所示。

ch[0]	ch[1]	ch[2]	ch[3]	ch[4]	ch[5]	ch[6]	ch[7]	ch[8]	ch[9]
C		L	a	n	g	u	a	g	e

图 8-6 对全部元素初始化

2) 部分元素初始化

在为一维字符数组赋初值时，若初值的个数大于数组长度，则提示语法错误；若初值的个数小于数组长度，则只将这些字符赋给数组中位于前面的那些元素，其余的元素自动赋值空字符(即‘\0’)。例如：

```
char str[15]={'C', ' ', 'L', 'a', 'n', 'g', 'u', 'a', 'g', 'e'};
```

该语句执行后有：str[0]=‘C’，str[1]=‘ ’，str[2]=‘L’，str[3]=‘a’，str[4]=‘n’，str[5]=‘g’，str[6]=‘u’，str[7]=‘a’，str[8]=‘g’，str[9]=‘e’，str[10]～str[14]均为‘\0’。字符数组元素的初始化状态如图 8-7 所示。

str[0]	str[1]	str[2]	str[3]	str[4]	str[5]	str[6]	str[7]	str[8]	str[9]	str[10]	…	str[14]
C		L	a	n	g	u	a	g	e	\0	\0	\0

图 8-7　对部分元素初始化

3. 字符数组的引用

字符数组和其他类型的数组一样，也是通过数组名和下标来引用数组元素的。一维字符数组的引用形式如下：

```
数组名[下标]
```

例如：str[2],str[2*2],str[i],str[j-3]。

【实例 8-9】 输出字符数组中的元素。

```
#include <stdio.h>
void main()
{
    int i;
    char a[5]={'B', 'A', 'S', 'I', 'C'};
    for(i=0;i<5;i++)
    printf("%c",a[i]);    /*%c 是逐个字符输出，输出对象为数组元素 a[i]*/
    printf("\n");
}
```

程序运行结果：

```
BASIC
```


8.4.2　字符串

1. 字符串的含义

字符串就是用双引号括起来的一串字符。C 语言中没有字符串数据类型，通常用字符数组来处理字符串的有关操作。但也不能简单地认为字符数组就是字符串，因为字符数组中的每一个数据元素在逻辑上都是独立的，而字符串在逻辑上是一段相关的文字内容，不是一个个独立的字符。在 C 语言中没有专门的字符串变量，字符串不是整个存放在一个变量中，而是分成单个字符存放在一个字符数组中。

C 语言规定以‘\0’作为字符串的结束标志。‘\0’是 ASCII 代码值为 0 的字符，是一个不可显示的“空操作”字符，它不进行任何操作，只作为一个标记，它占用内存空间，但不计入字符串的长度。

2. 字符串为字符数组赋初值

C 语言是用字符数组来处理字符串的。例如：

```
char ch[11]={"C Language"};
```

或：

```
char ch[ ]={"C Language"};
```

也可以省去花括号，直接写为

```
char ch[11]= "C Language";
```

或：

```
char ch[ ]= "C Language";
```

对于用双引号括起来的字符串常量，C 语言系统会自动在后面加上一个字符串结束标志‘\0’。因此，数组 ch 在内存中占用 11 字节，存储状态如图 8-8 所示。

ch[0]	ch[1]	ch[2]	ch[3]	ch[4]	ch[5]	ch[6]	ch[7]	ch[8]	ch[9]	ch[10]
C		L	a	n	g	u	a	g	e	\0

图 8-8　字符串对数组元素初始化

提示：字符数组最后一个字符不为‘\0’，字符串的最后一个字符必须是串结束标志‘\0’，因此为了存放一个含有 N 个长度的字符串，字符数组的长度至少为 N+1，字符串结束标志不计入字符串的有效长度，该数组长度是 N 而不是 N+1。

在 C 语言中不可以将字符数组作为一个整体进行赋值，仅在初始化字符数组时才可以出现和使用。如以下字符串的赋值方式就是错误的：

```
char str[30];
str="hello";
```

8.4.3　字符串的输入/输出

1. scanf()函数与 printf()函数

函数 scanf()和 printf()在处理字符串时，使用的格式符为"%s"，一般的格式为：

```
scanf("%s",数组名);
printf("%s",数组名);
```

【实例 8-10】 输入一个字符串并将其输出。

```
#include <stdio.h>
void main()
{
    char str[15];
    printf("请输入字符串: ");
    scanf("%s",str);
    printf("输入的字符串是: %s\n",str);
}
```

程序运行结果：

```
请输入字符串: Hello↵
输入的字符串是: Hello
```

提示：用函数 scanf()输入字符串时，字符数组的名称就是该数组的首地址，因此，字符数组名不需要带取地址符号&。

用函数 scanf()输入字符串时，字符串中不能含有空格、Tab 符、回车符，否则认为字符串输入结束，只能接收第一个空格、Tab 符或回车左边的字符串。

【实例 8-11】 利用函数 scanf()输入含空格的字符串。

```
#include <stdio.h>
void main()
{
    char str[15];
    printf("输入字符串: ");
    scanf("%s",str);
    printf("输出字符串: %s\n",str);
    system("pause");
}
```

程序运行结果如图 8-9 所示。

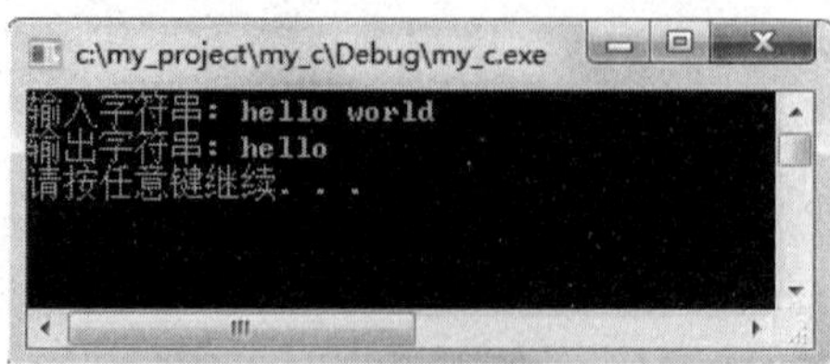

图 8-9　实例 8-13 运行结果

2. gets()函数与 puts()函数

gets()函数和 puts()函数是专门用于字符串非格式输入和输出的函数，其定义原型位于头文件 stdio.h 中。

(1) puts()函数格式：puts(字符串)。

功能：将字符串输出到终端。

(2) gets()函数格式：gets (字符数组名)。

功能：从终端将一个字符串输入给字符数组，该函数的返回值是字符数组的起始内存地址。

【实例 8-12】 利用 gets()函数和 puts()函数输入、输出字符串。

```
#include <stdio.h>
void main()
{
    char str[15];
    printf("输入字符串：");
    gets(str);                                  /* 输入字符串 */
    printf("输出字符串：");
    puts(str);                                  /* 输出字符串 */
    system("pause");
}
```

程序运行结果如图 8-10 所示。

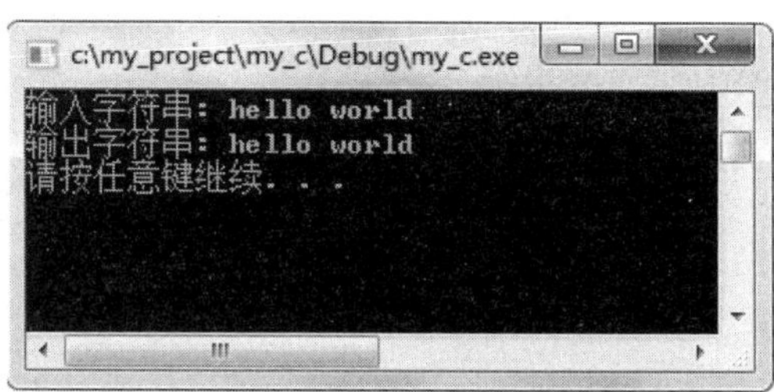

图 8-10　实例 8-14 运行结果

提示： 函数 puts()输出的字符串会自动换行，其运行效果相当于 printf("%s\n",str)。

函数 gets()和函数 puts()只能输入或输出一个字符串。以下写法都是不合法的：

```
gets(str1,str2);
puts(str1,str2);
```

C 语言编译不做数组越界判断，因此字符串输入时一定不能超出字符数组的实际长度。

8.4.4　字符串处理函数

C 语言提供了丰富的字符串处理函数，大致分为字符串的合并、修改、比较、转换、复制等几类。使用这些函数要包含头文件 string.h。

下面介绍几个常用的字符串处理函数，如表 8-1 所示。

表 8-1　常用的字符串处理函数

格　式	功　能	返 回 值
strlwr(s)	将字符串 s 中的大写字母转换为小写字母	返回转换后的字符串
strupr(s)	将字符串 s 中的小写字母转换为大写字母	返回转换后的字符串
strlen(s)	测试字符串的长度，不包括终止符"\0"	返回字符串的长度
strchr(s,c)	查找字符 c 在字符串 s 中首次出现的内存地址	返回第一次出现字符 c 的内存地址；若没找到，则返回 NULL
strcmp(s1,s2)	比较两个字符串 s1 和 s2	若 s1>s2，返回正数； 若 s1<s2，返回负数； 若 s1=s2，返回 0
strcpy(s1,s2)	把字符串 s2(包括终止符"\0")复制到字符数组 s1 中	返回 s1 的首地址
strcat(s1,s2)	把字符串 s2(包括终止符"\0")连接在字符串 s1 的有效字符之后	返回 s1 的首地址

【实例 8-13】 strlen()函数使用示例。

```
#include<stdio.h>
#include<string.h>
void main()
{
    int k;
    char str[30];
    gets(str);
    k=strlen(str);
    printf("The length of the string: %d\n",k);
    system("pause");
}
```

程序运行结果：

```
C language
The length of the string: 10
```

【实例 8-14】 strcat()函数的使用。

```
#include<string.h>
#include<stdio.h>
void main()
{
   char str1[30];
   char str2[10];
   gets(str1);
   gets(str2);
   strcat(str1,str2);
   printf("Result is:%s\n",str1);
   puts(st1);
   system("pause");
}
```

程序运行结果：

```
Hello-↵
World↵
Result is: Hello-World
```

提示：字符数组 str1 必须有足够的长度，才能够容纳连接过来的字符串，否则会出错。

连接前，两个字符串均以"\0"结束；连接后，字符数组 str1 后的"\0"去掉，新字符串后面加"\0"。

【例 8-15】 strcpy()函数使用示例。

```
#include<string.h>
#include<stdio.h>
void main()
{
  char str1[20],str2[20];
  gets(str1);
  gets(str2);
  strcpy(str1,str2);
  printf("Result is:%s\n",str1);
  system("pause");
}
```

程序运行结果：

```
String↵
Hello↵
Result is:Hello
```

提示：字符数组 str1 应有足够的长度，否则不能全部容纳所复制的字符串。

字符数组 str1 必须写成数组名的形式，字符串 str2 可以是字符数组名，也可以是字符串。

复制时，连同结束标志"\0"一起复制。

不能用赋值运算符“=”将一个字符串直接赋值给一个字符数组名，只能用 strcpy 函数处理。以下写法是不合法的：

```
char str[30];
str1="Hello";
```

【实例 8-16】 strcmp()函数使用示例。

```
#include<stdio.h>
#include<string.h>
void main()
{
```

```
    int k;
    char st1[20],st2[20];
    gets(st1);
    gets(st2);
    k=strcmp(st1,st2);
    if(k==0)
        printf("%s=%s\n",st1,st2);
    if(k>0)
        printf("%s>%s\n",st1,st2);
    if(k<0)
        printf("%s<%s\n",st1,st2);
    system("pause");
}
```

程序运行结果：

```
abcede↵
adc↵
abcde<adc
```

提示：两个字符串不能直接用比较运算符比较大小，必须用 strcmp()函数处理。以下写法都是错误的：

```
if(st1>st2)…
if(st1<st2)…
if(st1==st2)…
```

【实例 8-17】 strlwr()函数使用示例。

```
#include<stdio.h>
#include<string.h>
void main()
{
   char st[30]="C LANGUAGE";
   printf("The result is: %s\n",strlwr(st));
   system("pause");
}
```

程序运行结果：

```
The result is: c language
```

【实例 8-18】 strupr()函数使用示例。

```
#include<stdio.h>
#include<string.h>
void main()
{
   char st[30]="c  language";
   printf("The result is: %s\n",strupr(st));
   system("pause");
}
```

程序运行结果：

```
The result is: C  LANGUAGE
```

8.4.5　字符串的应用

【实例 8-19】 输入一个字符串，统计其中大写字母、小写字母、数字字符和其他字符的个数。

分析：设置变量 k、l、m、n 分别代表大写字母、小写字母、数字字符和其他字符的个数。由于字符串的末端含有字符"\0"，所以，从字符串的第一个字符开始判断，是否为统计的字符，然后取下一个字符接着判断，直到遇到字符"\0"为止。

程序如下：

```
#include<stdio.h>
void main()
{
   char ch[30];
   int i=0,k=0,l=0,m=0,n=0;
   gets(ch);
   while(ch[i]!='\0')
   {
     if(ch[i]>='A' && ch[i]<='Z')              /* 判断是否为大写字母 */
        k++;
     else
        if(ch[i]>='a' && ch[i]<='z')           /* 判断是否为小写字母 */
          l++;
        else
          if(ch[i]>='0' && ch[i]<='9')         /* 判断是否为数字字符 */
              m++;
          else                                 /* 判断是否为其他字符 */
              n++;
     i++;                                      /* 下标向下移动一位 */
   }
   printf("大写字母：%d,小写字母：%d,数字字符：%d,其他字符：%d\n",k,l,m,n);
   system("pause");
}
```

程序运行结果：

```
A6^m7fdH%9↵
大写字母:2,小写字母:3,数字字符:3,其他字符:2
```

【实例 8-20】 输入一个字符串，删除其中的空格。

分析：设定两个字符数组 a、b，将 a 数组中的非空格的字符依次存放入 b 数组中，最后输出 b 数组，显示的内容就是 a 数组中删除空格字符的效果。仿照本题的思路，可以删除字符串中指定的任一字符。

程序如下：

```
#include<stdio.h>
void main()
{
   char a[30],b[30];
   int i=0,j=0;
   gets(a);
   while(a[i]!='\0')
   {
     if(a[i]!=' ')                          /*若 a[i]不是空格字符，则存入 b 数组中*/
     {
        b[j]=a[i];
        j++;                              /* b 数组的下标向下移动一位 */
     }
     i++;                                 /* 取 a 数组的下一个元素 */
   }
   b[j]='\0';                             /* 为 b 数组添加终止符'\0' */
   printf("Result is: ");
   puts(b);
   system("pause");
}
```

程序运行结果：

```
I am a good boy ↵
Result is:Iamagoodboy
```

8.5 数组作函数参数

数组也可以作为函数的参数使用，进行数据传送。数组用作函数参数有两种形式，一种是把数组元素当作实参使用；另一种是把数组名作为函数的形参和实参使用。

8.5.1 数组元素作函数实参

数组元素作为函数的实参使用和普通变量的作用一样，函数调用时，作为实参的数组元素把值传给形参，实现值的单向传递。

【实例 8-21】 统计数组中有多少个元素大于第一个元素。

```
#include<stdio.h>
#define N 10
int compare(int n,int m)
{
  int flag;
  if(n>=m)
    flag=1;
  else
      flag=0;
  return (flag);
```

```
}
void main()
{
  char a[10],num=0,i;
  printf("请输入%d 个数组元素\n",N);
  for(i=0;i<N;i++)
    scanf("%d",&a[i]);
  for(i=1;i<N;i++)
    num=num+compare(a[i],a[0]);      /*比较函数调用，并将结果与统计变量
                                      num 的值累加*/
  printf("num=%d\n",num);
  system("pause");
}
```

程序运行结果：

```
请输入 10 个数组元素
5 6 -1 2 3 0 9 11 23 100 ↵
num=5
```

8.5.2　数组名作函数实参和形参

数组名也可以作为参数的实参传递给形参，用数组名作为实参传递的是数组的起始地址，不是值的传递方式。由于是地址传递，所以形参和实参指向同一内存单元。

【实例 8-22】 用数组名做函数实参，求整型数组中所有元素的和。

```
#include<stdio.h>
int sum(int b[],int n)
{
  int s=0,i=0;
  for(i=0;i<=n-1;i++)
    s=s+b[i];
  return (s);
}
void main()
{
  int a[10]={1,2,3,4,5,6,7,8,9,-2};
  printf("sum=%d\n",sum(a,10));
  system("pause");
}
```

程序运行结果：

```
sum=43
```

提示：若以一维数组名作为函数的参数，一般需要将数组的长度作为一个参数传递给函数，以确保函数的通用性。

【实例 8-23】 编写函数 str_len()，计算字符串的长度。

```
#include<stdio.h>
int str_len(char a[])                /*一维数组名作函数的形参*/
{
    int i=0;
    while(a[i]!='\0')
      i++;
    return (i);
}
void main()
{
   char str[20];
   gets(str);                        /*一维数组名作函数的实参*/
   printf("字符串长度：%d\n",str_len(a));
   system("pause");
}
```

程序运行结果：

```
China↵
字符串长度：5
```

8.6 综合应用实例

【实例 8-24】 输入一组整数，直到输入-100 为止，找出其中最大的 3 个偶数。

分析：利用循环输入数据，当输入-100 时，结束输入。将输入的数据按降序排序，从下标为 0 的数组元素开始判断是否为偶数，若是偶数则输出，直到输出三个偶数为止。

程序代码如下：

```
#include <stdio.h>
#define N 50
void main()
 {
     int a[N]={0},i=0,j,tmp,n=0,count=0;
     while(1)
       {
         scanf("%d",&a[i]);
         if(a[i]==-100)break;
         i++;
       }
     n=i;                                   /* 记录已输入的数据个数 */
     for(i=0;i<n-1;i++)                     /* 按降序排序 */
        for(j=i+1;j<n;j++)
          {
            if(a[i]<a[j])
              {
                tmp=a[i];a[i]=a[j];a[j]=tmp;
```

```
            }
        }
    printf("最大的 3 个偶数：\n");
    for(i=0;i<n;i++)
     {
        if(a[i]%2==0)                              /* 判断是否为偶数 */
          {
            printf("%5d",a[i]);
            count++;                               /* 统计偶数的个数 */
            if(count==3)break;
          }
     }
   system("pause");
}
```

【实例 8-25】 现有 10 个同学的成绩：73，89，78，87，68，90，81，75，88，64。将这 10 个成绩按升序排序后，输入一个新的成绩，插入其中，不改变成绩的排列方式。

分析：定义整型数组 a[11]，先将 10 个成绩按升序进行排序；输入一个新的成绩，从数组的第一个元素开始顺序查找，找到第一个大于新成绩的数组元素，其下标 k 就是新成绩插入的位置。然后，按照以下顺序将数组元素移位：

a[9]→a[10]

a[8]→a[9]

……

a[k]→a[k+1]

最后，插入新成绩，即 a[k]=新成绩。

程序代码如下：

```
#include <stdio.h>
void main()
  {
     int a[11]={73,89,78,87,68,90,81,75,88,64},i,j,tmp,k,score;
     for(i=0;i<9;i++)                      /* 10 个成绩按升序排序 */
       for(j=i+1;j<10;j++)
         {
           if(a[i]>a[j])
             {
               tmp=a[i];a[i]=a[j];a[j]=tmp;
             }
         }
      scanf("%d",&score);
      for(i=0;i<10;i++)
        if(a[i]>score)                     /* 确定新成绩的插入位置 */
          {
            k=i;
            break;
          }
      for(i=9;i>=k;i--)                    /*从下标为 9 的元素开始依次向后移位 */
        a[i+1]=a[i];
```

```
    a[k]=score;                          /*插入新成绩*/
    for(i=0;i<11;i++)                    /*输出 11 个成绩 */
      printf("%4d",a[i]);
    system("pause");
}
```

【实例 8-26】 一个学习小组有 5 个人，每个人有 4 门课的考试成绩。计算每位学生的总成绩，并按二维表格式输出。成绩表如表 8-2 所示。

表 8-2　成绩表

姓　名	语　文	数　学	外　语	政　治
张三	91	72	63	44
李四	51	62	73	54
王五	91	82	93	84
赵六	91	92	100	84
刘七	61	72	53	44

分析：可定义一个二维数组 a[5][4]存放五个人四门课的成绩。再设一个一维数组 sum[5]存放每位学生的总成绩。

```
#include <stdio.h>
void main()
{
    int a[5][4]={{91,72,63,44},
                 {51,62,73,54},
                 {91,82,93,84},
                 {91,92,100,84},
                 {61,72,53,44}};
    int i,j,sum[5];
    printf("姓名  语文  数学  外语  政治  总分\n");
    for(i=0;i<5;i++)                              /* 输出学生成绩二维表 */
    {
        sum[i]=0;
        switch(i)
        {
          case 0: printf("张三   ");break;     /*每个名字后面有三个空格*/
          case 1: printf("李四   ");break;
          case 2: printf("王五   ");break;
          case 3: printf("赵六   ");break;
          case 4: printf("刘七   ");break;
        }
       for(j=0;j<=3;j++)
        {
          printf("%-6d",a[i][j]);
          sum[i]=sum[i]+a[i][j];                    /* 计算每位学生的总成绩*/
        }
     printf("%d\n",sum[i]);
    }
```

```
    system("pause");
}
```

程序运行结果：

```
姓名  语文  数学  外语  政治  总分
张三   91   72   63   44   270
李四   51   62   73   54   240
王五   91   82   93   84   350
赵六   91   92   100  84   367
刘七   61    72  53   44   230
```

【实例 8-27】 输入 6 个单词，按照字典方式，判断其中最大的和最小的单词。例如输入：

```
hello
cat
fish
world
pen
```

则输出结果为：

```
The largest word is: world
The smallesr world is : cat
```

分析：设定字符数组 ch、max、min，ch 表示输入的单词，max 表示当前最大的单词，min 表示当前最小的单词。首先输入第一个单词，并赋予 max 和 min，然后通过循环输入后续的 5 个单词，每输入一个单词，则将 max 和 min 与当前的单词进行比较，若 max 小于该单词，则将该单词赋予 max，若 min 大于该单词，则将该单词赋予 min。

```
#include<stdio.h>
#include<string.h>
void main()
{
  char ch[30],max[30],min[30];
  int i;
  printf("请输入单词: ");
  gets(ch);                                    /* 输入第一个单词 */
  strcpy(max,ch);                              /* 初始化 max */
  strcpy(min,ch);                              /* 初始化 min */
  for(i=1;i<=5;i++)
   {
      printf("请输入单词: ");
      gets(ch);
      if(strcmp(max,ch)<0) strcpy(max,ch);    /* 将 max 与 ch 进行比较 */
      if(strcmp(min,ch)>0) strcpy(min,ch);    /* 若 min 与 ch 进行比较 */
   }
  printf("The largest word is:%s\n",max);
  printf("The smallest word is:%s\n",min);
  system("pause");
}
```

本 章 小 结

本章详细介绍了一维数组、二维数组以及字符数组、字符串的定义、引用和应用。数组的定义包括 3 个部分：数组类型、数组名、数组长度(数组元素个数)。对数组元素的赋值可以用数组初始化赋值、输入函数动态赋值和赋值语句赋值 3 种方法实现。合理使用数组，可以提高程序的运行效率，使编程事半功倍。

习　　题

一、选择题

1. 以下定义语句中，错误的是(　　)。

   A. int a[ ]={1,2};　　B. char　a[3];

   C. char s[10]= "test";　　D. int n=5,a[n];

2. 以下能正确定义二维数组的是(　　)。

   A. int a[][3];　　B. int a[][3]={2*3};

   C. int a[][3]={　　};　　D. int a[2][3]={{1},{2},{3,4}};

3. 以下程序的输出结果是(　　)。

```
void main( )
{
   int i,x[3][3]={1,2,3,4,5,6,7,8,9};
   for(i=0;i<3;i++)
      printf("%d",x[i][2-i]);
   system("pause");
}
```

   A. 1 5 9　　B. 1 4 7　　C. 3 5 7　　D. 3 6 9

4. 以下对字符数组初始化不正确的是(　　)。

   A. char word[　]= 'cool\0' ;

   B. char word[　]= {'c', 'o', 'o', 'l'};

   C. char word[　]= { "cool\0 "};

   D. char word[　]= "cool\0 ";

5. 假设已定义一维数组 c[10]，下列对数组元素的引用正确的是(　　)。

   A. c[3],c[2+3];　　B. c[3/1.0]　　C. c[12],c[5+8]　　D. c[13-13],c[3.4]

6. 假设已定义整型二维数组 arry[3][4]，则其第 10 个元素是(　　)。

   A. arry[2][0];　　B. arry[1][1];　　C. arry[2][1];　　D. arry[2][2];

7. 若有定义“int a[][3]={1,2,3,4,5,6,7,8};”，则 a 数组的行数为(　　)。

   A. 2　　B. 3　　C. 无确定值　　D. 1

8. 下列描述中不正确的是(　　)。

A. 字符型数组中可以存放字符串

B. 可以对字符型串进行整体输入、输出

C. 可以对整型数组进行整体输入、输出

D. 不能在赋值语句中通过赋值运算符“=”对字符型数组进行整体赋值

9. 以下printf语句的输出结果是(　　)。

```
printf("%d\n", strlen("tea\0cher"));
```

A. 7　　　B. 3　　　C. 存在语法错误　　　D. 不定值

10. 若有语句“char s1[10], s2[10]="books";”，则能将字符串“books”赋给数组s1的语句是(　　)。

A. s1="books";　　　B. strcpy(s2, s1);

C. s1=s2;　　　D. strcpy(s1, s2);

二、填空题

1. 以下程序可计算出a数组两条对角线上的元素之和。

```
void main( )
{
  int a[3][3]={1,3,6,7,9,11,14,15,17},sum1=0,sum2=0,i,j;
  for(i=0;i<3;i++)
    for(j=0;j<3;j++)
      if(i==j)
        sum1=_____①_____;          /*主对角线元素求和 */
  for(i=0;i<3;i++)
    for(j=0;j<3;j++);
      if(_____②_____)
          sum2=sum2+a[i][j];       /*副对角线元素求和 */
  printf("sum1=%d,sum2=%d\n",sum1,sum2);
  system("pause");
}
```

2. 下面程序的功能是输出两个字符串中较短字符串的长度。

```
#include <stdio.h>
#include <string.h>
void main()
{
  char p1[20],p2[20];
  int p1_len,p2_len,short_len;
  gets(p1);
  gets(p2);
  p1_len=_____①_____;
  p2_len=_____②_____;
  short_len= p1_len<p2_len ? ___③___ : ___④___ ;
  printf("short_len:%d\n",short_len);
  system("pause");
}
```

三、编程题

1. 输入 10 个整数，找出其中最小的 3 个奇数。

2. 输入一组整数，直到输入-100 为止，找出其中 3 个连续排列的一组整数。例如输入整数：19，34，5，6，7，21，11，12，13，59，则输出结果为：

   5, 6, 7

   11, 12, 13

3. 输入一个 4×4 的二维矩阵，计算该矩阵周边元素的和。

例如，$a[4][4]=\begin{bmatrix} 2 & 11 & 7 & 13 \\ 14 & 32 & 48 & 9 \\ 8 & 27 & 35 & 21 \\ 3 & 10 & 14 & 5 \end{bmatrix}$，则其周边元素之和为 117。

4. 编写一个程序，将两个字符串连接成一个新的字符串(不得使用系统函数 strcat())。

5. 编写一个程序，从键盘输入一个字符串，按照字典顺序将各字符从小到大排序，并删除重复字符。

第 9 章

指　针

【本章要点】

- 指针的概念、定义、初始化和运算
- 指针与数组的关系
- 指针与字符串
- 指针作为函数的参数

【学习目标】

- 了解指针与地址的概念
- 掌握指针变量的定义、初始化和引用
- 掌握指针与一维数组、二维数组的关系，能够灵活运用指针来操作数组的元素
- 掌握指针与字符串的关系，运用指针解决字符串处理的相关问题
- 掌握指针作为函数参数，数组名作为函数参数即地址作为函数参数进行传递的方法

指针是 C 语言中非常重要的一种数据类型，是 C 语言区别于其他语言的重要特征，是 C 语言的精华所在。掌握指针型数据的使用，是提高 C 语言编程技巧的重要环节。正确而灵活地使用指针，可以有效地描述各种复杂的数据结构，能够动态分配内存空间，可使编写的程序简便、紧凑，能够提高程序的执行效率。

9.1 指针及指针变量

9.1.1 地址与指针的概念

在计算机中，内存是一个连续的存储空间。在这个空间中，每一个内存单元都对应一个唯一的内存地址，内存的编址由小到大连续排列，它的基本单位为“字节”。对于程序中定义的变量，在程序编译过程中，系统根据该变量定义时获得的变量类型，为其分配对应长度的连续内存单元用来存放它的值。在 C 语言环境下，一个整型变量占 4 个字节的内存单元，那就要为每一个整型变量分配 4 个连续的内存单元，并且这 4 个连续存储单元的起始地址就是该变量的地址。所以，编译后每一个变量都对应一个地址，对变量的访问就是通过这个变量的地址进行的。当给一个变量赋值时，实际上是将这个值按该变量的类型存入该变量名对应地址开始的若干连续单元中，变量地址中的内容即是该变量的值。当引用变量时，就是从该变量名所对应地址开始的若干连续单元中来提取数据。

可以通过地址运算符&得到变量的地址。例如：

```
int x=50;
```

则&x 表示 x 在内存中的地址。通过 printf 语句，可以得到变量 x 在内存中的真实地址：

```
printf("%d\n",&x);            /* 输出变量 x 的地址*/
```

将内存单元的地址称为“指针”，地址即为指针。在 C 语言中，允许使用一种类型的变量来存放内存地址，这种变量称为“指针变量”。由此可见，指针变量是存储另一个变量地址的变量，它与普通变量的区别在于指针变量的值是一个地址值。

9.1.2 指针变量的定义

指针变量是用来存放内存地址的变量，所以和普通变量一样必须先定义，后赋值，然后再使用。指针变量定义的一般形式如下：

```
类型标识符  *指针变量名
```

例如：

```
int *p1,*p2;
double *q;
char *a;
```

说明：

- 在指针定义中，变量名前的*号，表示该变量为指针变量，以区别于其他类型的变量。
- “类型标识符”表示该指针所指变量应该具有的数据类型，如 int、float、double、char 等。

9.1.3　指针变量的初始化

指针变量的初始化有两种方式：一种是先定义再赋值，基本形式如下：

```
类型标识符 *指针变量名;
指针变量名=地址值;
```

例如：

```
int a;
int *p;
p=&a;
```

&为取地址符号，因此可以通过“&变量名”的方式来获取变量的地址。

另一种是在定义的同时赋初值，基本形式如下：

```
类型标识符 *指针变量名 1=地址值 1,*指针变量名 2 = 地址值 2,…;
```

例如：

```
char a;
char *p=&a;
```

注意事项如下。

(1) 当把一个变量的地址作为初始值赋给指针变量时，变量必须在这个指针变量初始化之前进行定义。

正确用法：

```
int a;
int *p=&a;
```

错误用法：

```
int *p=&a;
int a;
```

(2) 指针变量只能指向与其类型一致的变量。

正确用法：

```
double  b=1.1;
double *p=&b;
```

错误用法：

```
double a=1.1;
int *p=&a ;
```

(3) 可以把一个指针变量初始化为一个空指针，不指向任何对象。即用数值 0 或 NULL 来初始化指针变量，如：int *p=0，这类指针称为“无向指针”。但是不能将非 0 常数赋值给指针变量，否则运行时，可能会出错。

例如：

```
#include <stdio.h>
void main()
{
  int *p=NULL;
  printf("%p",p);
  system("pause");
}
```

9.1.4 指针变量的引用

引用指针变量的指针值(即所指向的变量地址)与引用其他类型的变量一样，直接用指针变量的变量名即可(变量名前不加*)。但是，如果要想取到指针变量所指那个变量的值，还可以采用指针变量的变量名前面加上*来表示该指针变量所指的那个变量的值。

例如：

```
int a=10;
int *p;
p=&a;
```

指针变量 p 与它所指的变量 a 之间的关系，如图 9-1 所示。

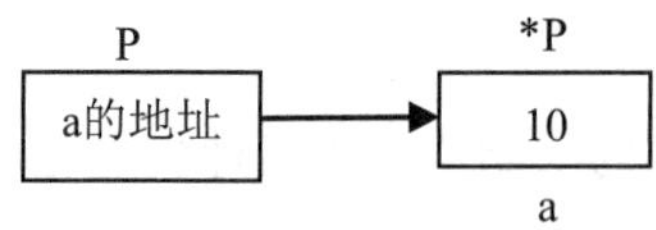

图 9-1　指针 p 与变量 a 的关系

由图 9-1 可知，指针变量 p 的值为该指针所指向变量 a 的地址(&a)，通过指针 p 可以找到变量 a 的值，则由*p 来得到变量 a 的值，与直接输出变量 a 的值完全相同，均为 10：

```
printf("%d\n",a);
```

或

```
printf("%d\n",*p);
```

说明：

- C 语言中指针变量定义时出现的*和指针变量引用中出现的*其含义不同，定义时的*理解为该变量为指针类型变量，即表示*后的变量是一个指针变量；引用时*为取值运算符，即通过*来对指针变量进行“间接访问”。
- C 语言中有两个与指针有关的运算符，一个是&取其右边变量的地址，如&a 表示取变量 a 的地址；另一个是*访问指针变量指向的变量，如*p 就代表着 p 所指向

的变量 a。

- &和*均为单目运算符，按自右向左的方向结合，优先级相同。例如：

```
int a;
int *q;
q=&a;
*q=*&a; 即 *q=a;
```

【实例 9-1】 利用指针，求两个整数的和。

```
#include<stdio.h>
void main()
{
   int  i,j,sum;
   int *p,*q;                                  /*定义指针变量*/
   p=&i;                                       /*建立关联*/
   q=&j;
   scanf("%d,%d",p,q);
   sum=*p+*q;                                  /*指针变量引用*/
   printf("%d,%d\n",*p,*q);
   printf("i+j=%d\n",sum);
   system("pause");
}
```

程序运行结果：

```
10,20↵
10,20
i+j=30
```

9.1.5　指针变量的运算

指针变量的运算包括指针变量的赋值运算、算术运算、关系运算等。

1. 指针变量的赋值运算

给指针变量赋值只能是地址常量或地址变量，常见为指针变量赋值的几种形式如下。

(1) 将一个变量的地址赋给指针变量。如：

```
int a,*p;
p=&a;
```

(2) 将一个指针变量的值赋给另外一个指针变量。如：

```
double  x,y,*p,*q;
p=&x;
q=p;
```

(3) 将数组的起始地址赋给指针变量。如：

```
char a[5],*p;
p=a;
```

(4) 将字符串的起始地址赋给指针变量。如：

```
char *p;
p="abcdefgh";
```

或

```
char *p="abcdefgh";
```

2. 指针变量与整数的加减运算

在 C 语言中，地址是可以做算术运算的，一个地址加上或减去一个整数 n，得到一个新的地址，新地址是以该地址为基准点，发生 n 个单位的地址位移。地址与整数的加减运算也称为“地址位移”，地址位移适用于数组，因为数组元素在内存中的存储地址是连续的。例如：

```
int a[10];
int *p;
p=a;
p=p+4;
```

指针 p 移动的示意图如图 9-2 所示，指针 p 从数组首地址&a[0]移到&a[4]移动 4 个单位，实际移动了 4×4 个字节数。

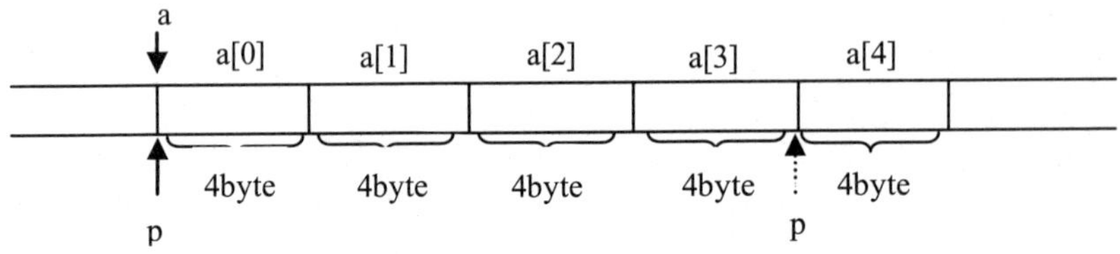

图 9-2　指针 p 移动到 p+4 位置

3. 指针变量的关系运算

两个指针变量(必须指向相同类型的变量)之间的关系运算，表示它们指向的变量其地址在内存中的位置关系，即存放地址值大的指针变量大于存放地址值小的指针变量。可以使用>、<、>=、<=、==、! =六种关系运算。其中，>、<、>=、<=用于比较两指针变量所指向地址的大小关系；==、! =用于判断两指针变量是否指向同一地址。

【实例 9-2】 a 数组有 10 个元素，指针 p1，p2 分别指向元素 a[0]的地址与元素 a[5]的地址，比较 p1 与 p2 的大小。

```
#include <stdio.h>
void main()
{
  int a[10]={10,20,30,40,50,60,70,80,90,100};
  int *p1=&a[0],*p2=&a[5];            /* 指针变量初始化 */
  printf("%d\n",p1<p2);
  system("pause");
}
```

程序运行结果：

```
1
```

说明：运行结果为 1，表明表达式“p1<p2”的值为“真”，即 p1 的地址小于 p2 的地址。

9.2　指针与数组

9.2.1　指针与一维数组

一维数组在内存中的存储是由一段连续的内存单元组成的，数组名为该段连续内存单元的首地址。可以通过数组名(即数组元素首地址)加上相对于首地址的相对位移量来访问每个数组元素的地址，然后来获取每个元素的值。在第 8 章已经讲过，数组名代表该数组的首元素地址。因此，数组名为指向该数组首元素的指针常量，其值不能改变。例如：

```
int a[10],*p;
p=&a[0];
```

则有

```
p=a;
```

指针 p 指向 a 数组的首地址(&a[0])，如图 9-3 所示。

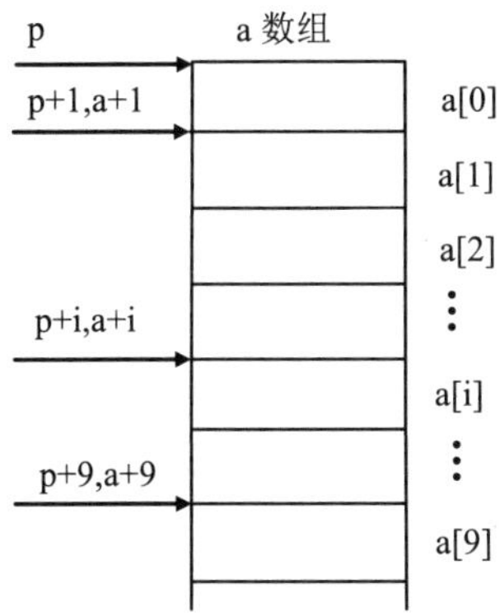

图 9-3　指针与数组元素的关系

在 a 数组中，a[i]代表 a 数组中第 i+1 个元素(下标从 0 开始)。由图 9-3 可知，p[i]与 a[i]相同，也代表着 a 数组的第 i+1 个元素。由于数组名 a 代表数组首元素的地址&a[0]，a+1 代表&a[1]，a+i 代表&a[i]，同样 p+i 也代表&a[i]，则有 p+i、a+i 均表示数组元素 a[i]的地址。引用一维数组的元素可以采用以下方式。

(1) 下标法：采用 a[i]或 p[i]来访问 a 数组的第 i+1 个元素。

【实例 9-3】 假设 a 数组有 10 个元素，通过数组下标实现对 a 数组各元素进行赋值，并输出所有元素。

```
#include<stdio.h>
void main()
{
   int a[10];
   int i;
   for(i=0;i<10;i++)
       scanf("%d",&a[i]);
   for(i=0;i<10;i++)
       printf("%5d",a[i]);
   system("pause");
}
```

以上程序的运行结果如下：

```
10 20 30 40 50 60 70 80 90 100 ↵
10 20 30 40 50 60 70 80 90 100
```

(2) 指针法：采用指针 p 来指向数组的首地址 a 的形式来访问 a 数组的所有元素。

【实例 9-4】 假设 a 数组有 10 个元素，通过指针法实现对 a 数组各元素进行赋值，并输出所有元素。

```
#include<stdio.h>
void main()
{
  int a[10],i,*p;
  p=a;
  for(i=0;i<10;i++)
    scanf("%d",p++);
  for(p=a;p<(a+10);p++)
    printf("%5d",*p);
  system("pause");
}
```

程序运行结果：

```
1 2 3 4 5 6 7 8 9 10 ↵
1 2 3 4 5 6 7 8 9 10
```

(3) 指针地址位移法：采用*(a+i)或*(p+i)的形式来访问 a 数组的第 i+1 个元素。

```
#include<stdio.h>
void main()
{
   int a[10],i;
   for(i=0;i<10;i++)
      scanf("%d",a+i);
   for(i=0;i<10;i++)
      printf("%5d",*(a+i));
   system("pause");
}
```

程序运行结果：

```
1 3 5 7 9 11 13 15 17 19 ↵
1 3 5 7 9 11 13 15 17 19
```

提示：数组名 a 是指针常量，代表数组首元素的地址，它的值是不会改变的。

通过指针变量 p 的移动可以实现对数组所有元素的访问。

9.2.2　指针与二维数组

用指针变量可以指向一维数组中的元素，也可以指向多维数组中的元素。由于二维数组是多维数组中比较容易理解的一种，本节以二维数组为例介绍多维数组的指针变量。

二维数组元素及元素的地址表示方法如下。

设有一个二维数组 a[3][4]，它有 3 行 4 列。定义为：

```
int a[3][4]={{1,2,3,4},{5,6,7,8},{9,10,11,12}};
```

二维数组元素在内存中的存放以行优先，放在一维线性内存空间中，在内存中的存储方式如图 9-4 所示。

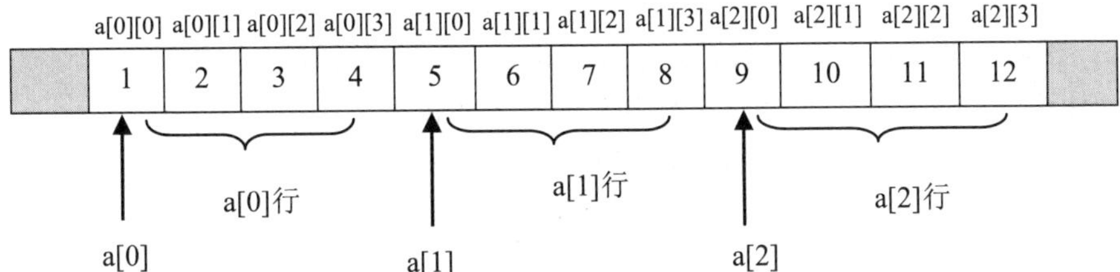

图 9-4　二维数组的顺序存储

数组名是二维数组 a 的起始地址，也即是数组元素 a[0][0]的地址，而 a[0]、a[1]、a[2]分别代表数组 a 各行的起始地址，如图 9-5 所示。

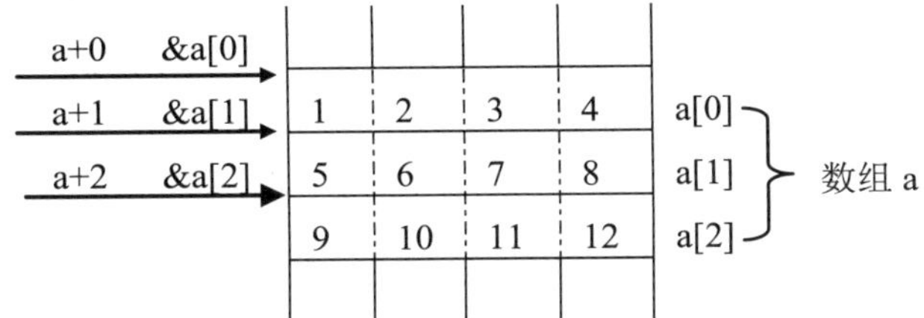

图 9-5　二维数组行地址示意

从图 9-5 可以看出，a 表示首行(第 0 行)的首地址，a+1 代表第 1 行的首地址，……，a+i 代表第 i 行的首地址。

将二维数组元素 a[0]、a[1]、a[2]分别看成是包含 4 个元素的一维数组，每个一维数组中的 4 个元素的地址仍然可用“&数组元素名”(&a[0][0], &a[0][1], &a[0][2], &a[0][3])或“数组名+下标”(a[0]+0，a[0]+1，a[0]+2，a[0]+3)来表示，假设首地址为 1245008，则数

组元素的地址如图 9-6 所示。

a[0]　　a[0]+1　　a[0]+2　　a[0]+3

a　a+1　a+2

1245008 1	1245012 2	1245016 3	1245020 4
1245024 5	1245028 6	1245032 7	1245036 8
1245040 9	1245044 10	1245048 11	1245052 12

图 9-6　二维数组列地址示意图

在一维数组中 a[i]与*(a+i)等价，都代表一维数组 a 中的第 i+1 个元素。而在二维数组中，a[i]不再是数组元素而表示一个地址，同样*(a+i)也表示一个地址，都代表二维数组中第 i 行的首地址，并不是二维数组某行某列的具体元素。

因此，在二维数组 a 中，数组元素 a[i][j]的地址可用以下几种方式表示：

(1) &a[i][j]　　　　/*行下标和列下标表示法*/

(2) a[i]+j　　　　/*行下标+列位移表示法*/

(3) *(a+i)+j　　　　/*行位移+列位移表示法*/

那么，相对应的二维数组的数组元素 a[i][j]也有如下的几种表示方法：

(1) a[i][j]　　　　/*行下标和列下标表示法*/

(2) *(a[i]+j)　　　　/*行下标+列位移表示法*/

(3) *(*(a+i)+j)　　　　/*行位移加列位移表示法*/

提示：从图 9-6 可以看出，a[0]为首列(第 0 列)的首地址，a[0]+1 为第 1 列的首地址，a[0]+2 为第 2 列的首地址，a[0]+i 为 i 列的首地址。

【实例 9-5】 利用下标法(行下标和列下标表示法)实现二维数组的输入与输出。

```
#include<stdio.h>
void main()
{
  int a[3][4];
  int i,j;
  for(i=0;i<3;i++)
   {
     for (j=0;j<4;j++)
       scanf("%d",&a[i][j]);
   }
  for(i=0;i<3;i++)
   {
      for (j=0;j<4;j++)
        printf("%5d",a[i][j]);
      printf("\n");
   }
```

```
  system("pause");
}
```

程序运行结果：

```
1 2 3 4 5 6 7 8 9 10 11 12 ↵
1    2    3    4
5    6    7    8
9    10   11   12
```

【实例 9-6】 利用行下标加列位移，实现二维数组的输入与输出。

```
#include<stdio.h>
void main()
{
  int a[3][4];
  int i,j;
  for(i=0;i<3;i++)
   {
     for(j=0;j<4;j++)
        scanf("%d",a[i]+j);
    }
   for(i=0;i<3;i++)
    {
       for(j=0;j<4;j++)
          printf("%5d",*(a[i]+j));
       printf("\n");
     }
    system("pause");
}
```

程序运行结果：

```
1 2 3 4 5 6 7 8 9 10 11 12 ↵
1    2    3    4
5    6    7    8
9    10   11   12
```

【实例 9-7】 利用行移位加列位移，实现二维数组的输入与输出。

```
#include<stdio.h>
void main()
{
  int a[3][4];
  int i,j;
  for(i=0;i<3;i++)
  {
     for(j=0;j<4;j++)
        scanf("%d",*(a+i) +j);
   }
   for(i=0;i<3;i++)
    {
      for(j=0;j<4;j++)
```

```
        printf("%5d",*(*(a+i) +j));
      printf("\n");
    }
  system("pause");
}
```

程序运行结果：

```
1 2 3 4 5 6 7 8 9 10 11 12 ↵
1     2     3     4
5     6     7     8
9     10    11    12
```

【实例 9-8】 通过宏定义确定二维数组的下标，利用行指针变量(即指针数组)实现对二维数组的始化，并输出显示二维数组。

```
#define M 3
#define N 4
#include <stdio.h>
void main()
{
   int a[M][N];
   int i,j;
   int (*p)[N];                /*定义行指针，即指针数组*/
   p=a;                        /*初始化行指针变量，将第 1 行的地址赋值给该指针变量，
                                 使其指向二维数组第 1 行的起始位置*/
   printf("请输入 a[3][4]数组的元素值\n");
   for(i=0;i<M;i++)
     for(j=0;j<N;j++)
         scanf("%d",*(p+i)+j);        /*表示二维数组第 i 行第 j 列的元素的地址*/
   for(i=0;i<M;i++)
    {
     for(j=0;j<N;j++)
        printf("%3d",*(*(p+i)+j));   /*引用二维数组第 i 行第 j 列的元素的地址*/
      printf("\n");
   }
 }
```

9.2.3 指针数组

如果一个数组中的每个元素均为指针类型变量(即由指针变量构成的数组)，这样的数组称为指针数组。指针数组定义的一般形式为：

```
类型标识符   *数组名[数组长度];
```

其中，“数组名”前的*表示该数组中的每一个元素都是指针类型；“类型说明符”则说明每一个指针型元素所指向的变量类型，且这些指针类型元素只能指向同一类型的变量地址。例如：

```
int *pa[5];
```

表示定义一个由 5 个指针变量构成的指针数组，数组中的每个数组元素都是指针，都指向一个整数，其结构如图 9-7 所示。

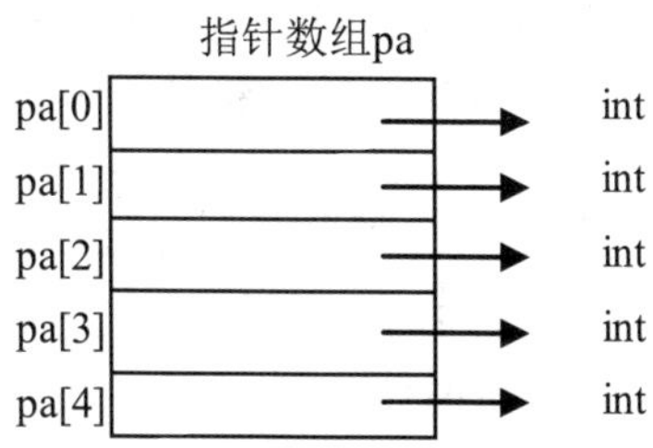

图 9-7　指针数组 pa

指针数组定义时也可以初始化，如以下定义：

```
char *c[3]= {"student","teacher","course"};
```

把存放字符串的首地址赋给指针数组中对应的元素。

也可以间接初始化，如以下定义：

```
char c[3][8]={"student","teacher","course"};
char *p[3]={c[0],c[1],c[2]};
```

指针数组 p 指向关系如图 9-8 所示，它的 3 个元素 c[0]、c[1]、c[2]中分别存放 3 个字符串 student，teacher，course 的首地址。

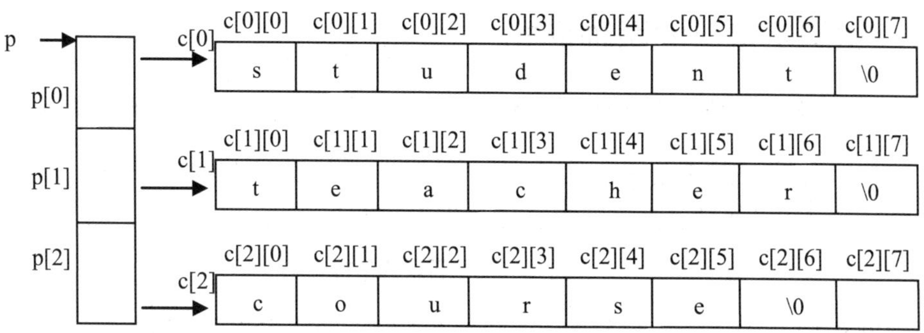

图 9-8　指针数组 p 指向示意

【实例 9-9】 利用指针数组实现对字符串数组的输出。

```
#include<stdio.h>
void main()
{
   char *week[]={"Sun", "Mon", "Tue", "Wed", "Thu", "Fri", "Sat"};
   int i;
   for(i=0;i<7;i++)
     printf("%s\n",week[i]);
   system("pause");
}
```

程序定义了一个包含 7 个元素的指针数组，完成初始化赋值以后，week[0]指向字符串

Sun，week[1]指向字符串 Mon，……，也就是数组元素的初值是字符串的首地址，最后用循环输出字符串数组，如图 9-9 所示。

指针数组中每一个元素实际上都是指向另一个数据的指针。因此，可以通过将不同长度的字符串首地址分别放入指针数组的每一个元素中，实现对这些字符串的处理。

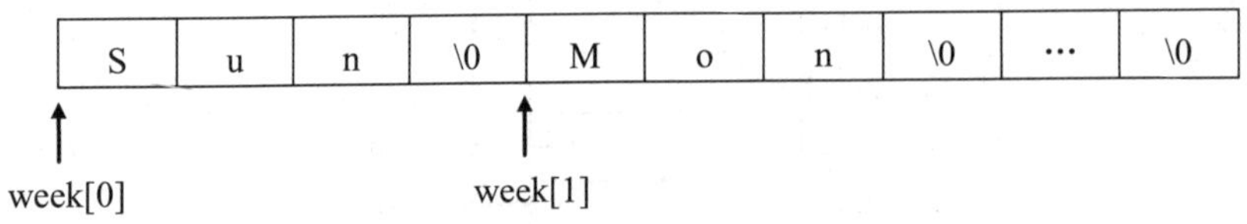

图 9-9　实例 9-9 的指针数组的结构

9.3　指针与字符串

指向字符串的指针就是字符串的起始地址，当把这个地址赋给一个字符指针变量时，就可以很方便地实现对字符串的处理。指向字符串的指针变量的定义的一般形式：

```
char *变量名
```

例如：

```
char *p;
```

9.3.1　访问字符串的两种形式

(1) 用字符数组存放一个字符串，然后输出该字符串，字符串的结构如图 9-10 所示。

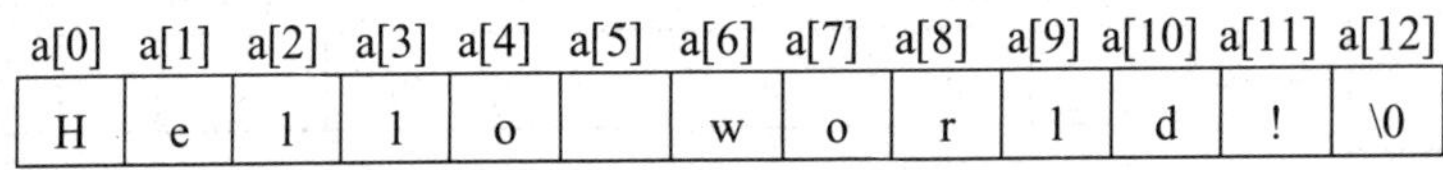

图 9-10　字符串的结构

【实例 9-10】 定义一个字符数组，进行初始化，并输出该字符串。

```
#include<stdio.h>
void main()
{
   char a[]=" Hello World! ";
   printf("%s\n",a);
   system("pause");
}
```

程序运行结果：

```
Hello World!
```

说明：其中 a 是数组名，它代表字符数组的首地址。

(2) 用字符指针指向一个字符串，如图 9-11 所示。

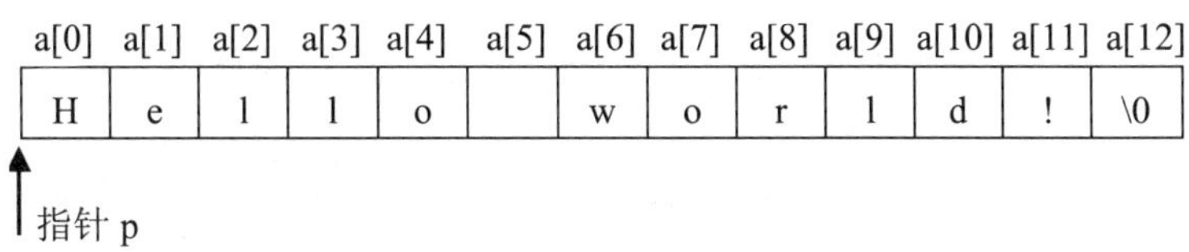

图 9-11　字符指针指向字符串

【实例 9-11】 利用字符指针输出该字符串。

```
#include<stdio.h>
void main()
{
   char *p=" Hello World! ";
   printf("%s\n",p);
   system("pause");
}
```

程序运行结果：

```
Hello World!
```

C 语言对字符串常量是按字符数组进行处理的，在内存中开辟了第 1 个元素的地址(即存放字符串的字符数组的首元素地址)赋给字符指针。

9.3.2　使用字符数组和字符指针变量来访问字符串的区别

(1) 字符数组由若干个元素组成，每个元素中存放一个字符，而字符指针变量中存放的是地址。

(2) 定义字符数组之后，只能对各个数组元素赋值，不能用下面的方法对字符数组赋值：

```
char str[60];
str="I have a book!";
```

而对指针变量，可以采用下面的方法赋值：

```
char *a;
a="I have a book";
```

赋给 a 的不是字符，而是字符串的首地址。

(3) 对字符指针变量赋初值：

```
char *a="I have a book"
```

等价于：

```
char *a;
a="I have a book"
```

对数组初始化，只能是：

```
char str[]="I have a book"
```

(4) 如果定义一个字符数组 c[10]，它有确定的地址，在编译时为它分配 10 个字节的连续内存单元。

如果定义一个字符指针变量，则给指针变量分配 4 个字节的内存单元，其中存放一个字符变量的地址。

(5) 指针变量的值可以改变，而数组名虽代表地址，但它是常量，它的值不可以改变。

(6) 用指针变量指向一个格式字符串，可以用它代替 printf( )函数中的格式字符串。

```
char *format;
format="a=%d,b=%f\n";
printf(format,a,b);          /* 等价于 printf("a=%d,b=%d\n",a,b);*/
```

【实例 9-12】 将字符串 a 复制到字符数组 b 中。

```
#include<stdio.h>
void main()
{
   char a[]="Hello World!",b[20];  /*定义字符数组 a 和 b*/
   int i;
   for(i=0;*(a+i)!='\0';i++)
      *(b+i)=*(a+i);               /*将 a 字符串全部复制给 b 数组*/
   *(b+i)='\0';                    /*在 b 字符串的尾端加上字符'\0'*/
   printf("输出 a 数组:");
   printf("%s\n",a);
   printf("输出 b 数组:");
   printf("%s\n",b);               /*整体的形式输出数组 b 的元素*/
   printf("输出 b 数组:");
   for(i=0;b[i]!= '\0';i++)
      printf("%c",b[i]);           /*一次输出数组 b 中的一个元素*/
   system("pause");
}
```

程序运行结果：

```
输出 a 数组: Hello World!
输出 b 数组: Hello World!
输出 b 数组: Hello World!
```

【实例 9-13】 用指针变量来处理字符串 a 复制到字符数组 b 中的问题。

```
#include<stdio.h>
void main()
{
   char a[]="Hello World!",b[20],*p1,*p2;
   int i;
    p1=a;
    p2=b;
   for(;*p1!='\0';p1++,p2++)
   *p2=*p1;                           /*等价于 b[i]=a[i];*/
   *p2='\0';                              /*等价于 b[i]='\0';*/
```

```
    printf("输出a数组:");
    printf("%s\n",a);
    printf("输出b数组:");
    printf("%s\n",b);
    printf("输出b数组:");
    for(i=0;b[i]!='\0';i++)
    printf("%c",b[i]);
    system("pause");
}
```

程序先将 p1 和 p2 初始化为字符串 a 和 b 第 1 个字符的地址。赋值语句“*p2=*p1;”的作用是将字符‘H’(a 串中的第 1 个字符)赋给 p2 所指向的元素，即 b[0]。然后 p1 和 p2 分别加 1，指向其后面的一个元素。直到*p1 的值为‘\0’为止，也就是到了字符串结尾处。

提示：p1 和 p2 的值是不断改变的，如果把第 4 个输出语句 printf("%s\n",b)换成 printf("%s\n",p2)。大家思考一下会出现什么样的结果?

9.4 指针与函数

函数调用时，在函数之间既可以传递变量的值，也可以传递地址(指针)。如果用指针变量作为形参，就可以通过“传地址”的方式，将多个结果返回给主调函数。这种“传地址”的方式实际上是将实参的存储地址传递给了作为形参的指针变量。

9.4.1 指针变量作函数的参数

1. 指向简单变量的指针变量作为函数的参数

【实例 9-14】 实现两个变量值的交换。

```
#include<stdio.h>
void swap(int *a,int *b);
void main()
{
    int m=10,n=20;
    swap(&m,&n);
    printf("main:m=%d n=%d\n",m,n);
    system("pause");
}
void swap(int *a,int *b)
{
    int temp;
    temp=*a;
    *a=*b;
    *b=temp;
    printf("swap:a=%d b=%d\n",*a,*b);
```

```
}
```

程序运行结果：

```
swap:a=20 b=10
main:m=20 n=10
```

由于实际参数是变量 m 和 n 的地址值&m 和&n，形式参数是指针变量 a 和 b，函数调用时，将 m 和 n 的地址值作为实际参数传递给形参指针变量 a 和 b，如图 9-12(a)所示，因此是传地址调用。在 swap()函数中，将*a 和*b 交换，实际上就是指针变量 a 和 b 所指向存储单元的数值 m 和 n 值的交换，如图 9-12(b)所示，因此输出的*a 和*b 的值实际上是交换以后的 m 和 n 的值。所以，当函数调用返回到 main()函数时，输出 m 和 n 的值分别为 20 和 10，如图 9-12(c)所示。

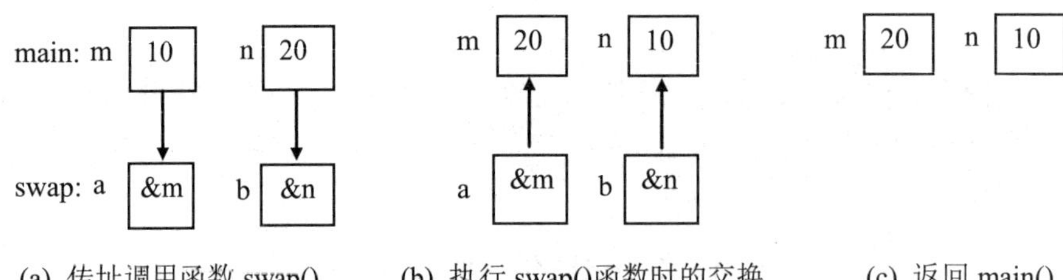

图 9-12　实例 9-13 程序的运行原理

2. 指向数组的指针变量作为函数的参数

前面已经介绍过，实参数组名代表该数组元素的首地址，而形参是用来接收实参传递过来的数组元素的首地址，因此，形参应该是一个指针变量(只有指针变量才能存放地址)。实际上，C 编译系统都是将形参数组名作为指针变量来处理的。

在实际的使用过程中，数组和指针联系在一起有 4 种使用情况。

(1) 形参和实参都用数组。

形参数组名接收实参数组首元素的地址，可以认为形参数组与实参数组共用一段内存单元。

(2) 实参用数组名，形参用指针。

实参 a 为数组名，形参 x 为指针变量，函数执行时，x 指向 a[0]，通过 x 值的改变，可以指向数组 a 的任一元素。

(3) 实参形参都用指针。

实参 p 和形参 x 都是指针变量，先使实参指针变量 p 指向数组 a，p 的值是&a[0]。然后将 p 的值传给形参 x，x 的初始值也是&a[0]，通过 x 值的改变可以使 x 指向数组 a 的任一元素。

(4) 实参用指针，形参用数组名。

实参 p 为指针变量，它指向 a[0]，形参为数组名 x(实际是将 x 作为指针变量处理)，将 a[0]的地址传给形参 x，使指针变量 x 指向 a[0]，可以认为形参数组和实参数组共用存储单元。

【实例 9-15】 用选择法对 10 个整数按由小到大的顺序排序(实参和形参都用指针)。

```
#include<stdio.h>
void main()
{
   int sort(int x[],int n);
   int *p,i,a[10];
   p=a;                           /*定义指针变量 p，使 p 指向数组 a 的第一个元素*/
   for(i=0;i<10;i++)
     scanf("%d",&a[i]);           /*给数组中的 10 个元素赋初值*/
   p=a;                           /* p 指针重新指向数组 a 的第一个元素*/
   sort(p,10);                    /*调用 sort 函数*/
   for(p=a,i=0;i<10;i++)
    {
       printf("%4d",*p);          /*输出数组 a 中的所有元素*/
       p++;
    }
   printf("\n");
   system("pause");
 }
int sort(int *x,int n)           /*使用选择法对数组中的元素进行排序*/
 {
    int i,j,k,t;
    for(i=0;i<n-1;i++)
      {
         k=i;
         for(j=i+1;j<n;j++)
            if(*(x+j)<*(x+k))k=j;
         if(k!=i)
          {
             t=*(x+i); *(x+i)=*(x+k); *(x+k)=t;
          }
      }
 }
```

在主函数中用指针变量 p 和数组的大小 10 作为实参，通过调用语句“sort(p,10);”调用排序函数 sort。在被调函数 sort 中，用指针变量 x 和普通变量 n 接收主调函数传过来的地址和整型数。

9.4.2　函数的返回值为指针

函数被调用后，可以由函数中的 return 语句返回给主调函数一个值。函数的返回值可以是基本数据类型，如 int、float、char 等，也可以是数组名(即地址)和指针类型。

函数的返回值为指针的函数的一般格式定义如下：

```
类型标识符  *函数名(类型标识符  形参,类型标识符  形参,...)
{
   函数体
}
```

例如：

```
int  *sum(int x,int y)
{
   …
}
```

程序中的 sum 是一个返回指针值的指针型函数，它返回的指针指向一个整型变量。

【实例 9-16】 输入一个 1～7 间的整数，输出对应的星期名。

```
#include<stdio.h>
#include<stdlib.h>
void main()
{
   int i;
   char *Dayname(int n);              /*定义一个指针型函数 Dayname,它的返回值
                                        指向一个字符串*/
   printf("input day no:\n");
   scanf("%d",&i);
   if(i<0) exit(1);
      printf(" day no :%d is %s\n",i, Dayname (i));
   system("pause");
}
char *Dayname (int n)
{
  char *name[]={"Illegalday", "Mon","Tue","Wed","Thu","Fri","Sat","Sun"};
  return((n<1||n>7) ? name[0]:name[n]);
}
```

程序运行结果：

```
input day no:
4 ↵
day No:4 is Thu
```

其中，name 数组初始化为 8 个字符串，分别表示出错提示及各个星期名。形参 n 表示与星期名所对应的整数。在主函数中，把输入的整数 i 作为实参，在 printf 语句中调用 Dayname 函数并把 i 值传送给形参 n。Dayname 函数中的 return 语句包含一个条件表达式，n 值若大于 7 或小于 1 则把 name[0]指针返回主函数，输出出错提示字符串“Illegalday”，否则返回主函数，输出对应的星期名。

提示： 主函数中的“if(i<0)”语句，其语义是，如果输入负数(i<0)则中止程序运行，退出程序。exit( )是一个库函数，exit(1)表示发生错误后退出程序，exit(0)表示正常退出。

9.4.3 指向函数的指针

1. 指向函数的指针变量定义

C 语言中，一个函数定义后会占用一段连续的内存空间，而函数名就是该函数所占内

存区域的首地址。可以把函数的这个首地址(或称为入口地址)赋予一个指针变量，使该指针变量指向该函数。然后通过指针变量就可以找到并调用这个函数，这种指针变量称为指向函数的指针变量。

指向函数的指针变量其实就是在程序中已定义的函数名，指向函数的指针变量也必须遵循“先定义后使用”的原则使用。

指向函数的指针变量定义的一般形式如下：

```
类型标识符  (*指针变量名)();
```

说明：“类型标识符”表示被指向函数的返回值类型。(*指针变量名)表示*后面的变量是指针变量。最后的空括号表示指针变量所指的是一个函数。

例如:

```
int (*p)();
```

指针变量 p 是一个可以指向函数的指针变量，且函数的返回值类型是整型。如果有返回整型数据的函数 f1，则可以通过 p 调用 f1 函数，形式如下:

```
p=f1;            /*f1 是函数名，是函数的入口地址*/
```

使用指向函数的指针变量，还应注意以下两点。

(1) 函数指针变量不能进行算术运算，这与数组指针变量不同。数组指针变量可以向前或向后移动，函数指针变量的移动毫无意义。

(2) 区分定义指向函数的指针和函数的返回值为指针的一般形式，前者*(指针变量名)的括号不能省略，而后者“*函数名”不能加括号。

2. 函数指针变量的使用

通过指向函数的指针变量调用函数的语法格式如下：

```
(*指针变量名) (实参列表);
```

用函数指针变量调用函数时，只需将(*p)代替函数名，在(*p)之后的括号中根据需要写上实参即可。

【实例 9-17】 求 a 和 b 中的较大值。

```
#include<stdio.h>
void main()
 {
   int a,b,c;
   int max(int x,int y);
   int (*p)();                    /*定义 p 是一个指向函数的指针变量*/
   p=max;
   scanf("%d,%d",&a,&b);
   c=(*p)(a,b);
   printf("a=%d,b=%d,max=%d",a,b,c);
   system("pause");
}
int  max(int x,int y)
```

```
{
  int z;
  if(x>y) z=x;
  else z=y;
  return z;
}
```

赋值语句“p=max;”的作用是将函数 max 的入口地址赋给指针变量 p。和数组名代表数组首地址一样，函数名代表该函数的入口地址。p 就是指向函数 max 的指针变量，也就是说，p 和 max 都指向函数的开头。调用*p 就是调用 max 函数。主函数中的 c=(*p)(a,b);和“c=max(a,b);”是等价的，都表示实现函数的调用。

9.4.4 指向指针的指针

使用指针来指向另一个指针数据的指针变量，简称指向指针的指针。指向指针的指针定义形式如下：

```
类型  **指针变量名
```

例如：

```
char  **p;
```

**p 相当于*(*p)，*p 是字符型指针变量，*(*p)是指向字符型指针的指针。

【实例 9-18】 用指向指针类型数据的指针变量输出一个变量。

```
#include<stdio.h>
void  main()
{
   int a=15,**p;
   int *pp=&a;
   p=&pp;
   printf("%d",**p);
   system("pause");
}
```

程序运行结果：

```
15
```

程序中定义了一个指向指针类型的指针变量 p，它所指向的对象是 int 型的指针变量，同时还定义了一个 int 型的指针变量 pp，并将变量 a 的地址赋给它，然后将指针变量 pp 的地址赋给 p 变量。变量的关系如图 9-13 所示。

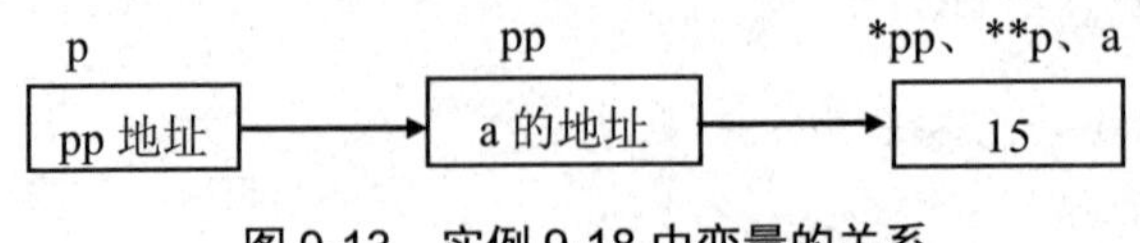

图 9-13　实例 9-18 中变量的关系

因此，指针 p 的目标变量是*p(即 pp)，而 pp 的目标变量是*pp(即 a)。对于表达式**p，它可以变为*(*p)形式，而*p 就是 pp，故**p 为*pp。所以可以直接用**p 的形式引用变量 a，而不能使用*p 形式。

【实例 9-19】 用指向指针的指针变量将一批顺序给定的字符串按反序输出。

```
#include<stdio.h>
void  main()
{
   int i;
   char *name[]={"One", "Two", "Three"};
   char **p;
   for(i=2;i>=0;i--)
    {
      p=name+i;
      printf("%s\n",*p);
    }
   system("pause");
}
```

程序的运行结果：

```
Three
Two
One
```

提示：该程序用指向指针的指针变量来访问字符串，所以输出时使用%s 的格式。语句中使用了*p 的形式，请注意其与**p 的区别。**p 表示一个具体的字符对象，p 存放的是 name 数组元素的地址，而*p 是目标对象的地址。

9.5 综合应用实例

【实例 9-20】 输入 10 个学生的某门课程成绩，然后分别正序和逆序输出这些成绩，并找出最高成绩。

程序分析：

第 1 步，定义数组 s 和指针变量 p。

第 2 步，给数组 s 赋初值。

第 3 步，指针变量 p 指向数组 s 的第一个元素，正序输出。

第 4 步，指针变量 p 指向数组 s 的最后一个元素，逆序输出。

第 5 步，指针变量 p 重新指向数组 s 的第一个元素，查找最大值。

程序如下：

```
#include<stdio.h>
void main()
 {
```

```
   int i,s[10],max;
   int *p;
   printf("请依次输入 10 个学生的成绩(用空格间隔,回车结束):\n");
   for(i=0;i<=9;i++)                    /*10 个数组元素依次存放 10 个成绩*/
     scanf("%d",s+i);
   printf("正序输出: \n");
   for(p=s;p<=s+9;p++)                  /*正序输出 10 个数组元素的值*/
     printf("%6d",*p);
   printf("\n");
   printf("逆序输出: \n");
   for(p=s+9; p>=s; p--)                /*逆序输出 10 个数组元素的值*/
     printf("%6d",*p);
   printf("\n");
   p=s;                                 /*或 p--; 指针变量回归到数组开始处*/
   max=*p;                              /*给 max 赋初值，即先假定 s[0]为最高成绩*/
   for(i=1;i<=9;i++)                    /*依次比较，找出最高成绩*/
     if(*(p+i)>max)  max=*(p+i);
   printf("最高分: %6d\n",max);          /*输出最高成绩*/
   system("pause");
}
```

程序运行结果：

```
请依次输入 10 个学生的成绩(用空格间隔,回车结束):
82 85 73 76 91 90 65 66 88 54 ↵
正序输出:
82    85    73    76    91   90   65    66    88    54
逆序输出:
54    88    66    65   90   91   76    73    85    82
最高分: 91
```

【实例 9-21】 在一个 3 行 4 列的二维数组中，找出最大元素，并在屏幕上输出。

程序分析：程序中定义了一个 3 行 4 列包含 12 个元素的二维数组，又定义了一个指针 p 用来指向二维数组中的第一个元素 a[0][0]，通过偏移量来访问数组中的每个元素，并和最大值 max 进行比较，找到最大值输出。

程序如下：

```
#include<string.h>
void main()
{
   int a[3][4]={{1,3,58,2},{2,3,44,12},{12,13,55,56}};
   int i,j,max=a[0][0],*p=a[0];
   for(i=0;i<3;i++)
    {
     for(j=0;j<4;j++)
     {
        printf("%4d",*(p+i*3+j));
       if(max<*(p+i*3+j))
           max=*(p+i*3+j);
     }
```

```
    printf("\n");
  }
  printf("\nmax=%3d\n",max);
  system("pause");
}
```

程序运行结果：

```
1   3   58   2
2   3   44  12
12  13  55  56
max=58
```

【实例 9-22】 将字符串中的字符*删除。

程序分析：定义一个字符数组 a 用来存放字符串，同时定义两个字符类型的指针变量 p1 和 p2，使 p1 和 p2 都指向 a 数组。

第 1 步，判断 p1 所指向的内容是否为空，如果不为空就进入 while 循环体，继续判断 p1 所指内容是否等于“*”，如果不等于“*”，将 p1 所指内容复制到 p2 所指的存储单元中，同时 p1、p2 指针向下移动；否则转第 2 步。

第 2 步，p1 指针向下移动，而 p2 指针不移动。

第 3 步，直到循环条件不成立，跳出循环，这时，在 p2 所指的存储单元加上字符串结束标志“\0”，最后输出的数组 a 就是删除“*”以后的结果。

程序如下：

```
#include<stdio.h>
void  main()
{
   char a[40]= "*I* love* my Motherland! ****",*p1, *p2;
   p1=p2=a;
   while(*p1!='\0')
   {
     if(*p1!='*')
       *p2++=*p1++;
     else
      p1++;
   }
   *p2='\0';
   printf("%s",a);                    /*输出删除*之后的数组*/
   system("pause");
}
```

程序运行结果：

```
I love my Motherland!
```

【实例 9-23】 一个班有 3 名学生，每名学生有 4 门课程成绩，计算每个学生的平均成绩。

程序分析：编写函数 aver，用来计算每个学生 4 门课程的平均成绩。在函数 aver()中，形参(*p)[4]为指针数组，用指针数组 p 来存放二维数组的各行元素的首地址，形参 n

代表第 n 个学生，通过 p[n][i]来获取第 n 个同学的第 i 列的成绩。

程序如下：

```
#include <stdio.h>
float aver(int (*p)[4],int n)
{
    int i;
    float sum=0;
    for (i=0; i<4; i++)
    {
      sum += p[n][i];
    }
    return sum/4.0;
}

void main()
{
    int score[][4]={{65,67,70,60},
                    {80,87,90,81},
                    {90,99,100,98}};
    int i;
    for (i=0; i<3; i++)
       printf("第%d 个学生平均成绩为%.2f\n", i+1, aver(score, i));
     system("pause");
}
```

本 章 小 结

本章详细介绍了指针的概念及指针的各种应用情况。指针就是地址，指针变量就是存放地址的变量。通过指针变量，可以实现对数据的“间接访问”。指针数组是指数组中的元素均为指针类型数据。指向指针的指针是指向指针数据的指针变量。

与指针有关的常见说明和意义如表 9-1 所示。

表 9-1　与指针有关的常见说明和意义

指　针	意　义
int *p	p 为指向整型量的指针变量
int *p[n]	p 为指针数组，由 n 个指向整型量的指针元素组成
int (*p)[n]	p 为指向整型一维数组的指针变量，一维数组的大小为 n
int *p()	p 为返回指针值的函数，该指针指向整型量
int (*p)()	p 为指向函数的指针，该函数返回整型量
int **p	p 为一个指向另一个指针的指针变量，该指针指向一个整型量

习　　题

一、选择题

1. 若有以下定义:

```
int a[]={1,2,3,4,5,6,7,8,9,10},*p=a,i;
```

其中 0≤i≤9，则对 a 数组元素的引用不正确的是(　　)。

A. a[i]　　B. *(&a[i])　　C. p[i]　　D. *(*(a+i))

2. 以下程序的输出结果是(　　)。

```
#include<stdio.h>
void main( )
{   int a[]={2,4,6,8},*p=a,i;
    for(i=0;i<4;i++)
        a[i]=*p++;
    printf("\n%d",a[2]);
   system("pause");
}
```

A. 6　　B. 8　　C. 4　　D. 2

3. 以下程序的输出结果是(　　)。

```
#include<stdio.h>
void main()
{
  int a[10]={1,2,3,4,5,6,7,8,9,10},*p=a;
  printf("\n%d",*(p+2));
  system("pause");
}
```

A. 3　　B. 4　　C. 1　　D. 2

4. 以下程序的输出结果是(　　)。

```
#include<stdio.h>
void main()
{
  int a[10]={1,2,3,4,5,6,7,8,9,10},*p=&a[1];
  printf("\n%d",*p+5);
  system("pause");
}
```

A. 6　　B. 7　　C. 8　　D. 2

5. 以下程序的输出结果是(　　)。

```
#include<stdio.h>
void main()
{   int a[]={2,4,6,8,10},y=1,x, *p;
    p=&a[1];
```

```
    for(x=0;x<3;x++)
        y+=* (p+x);
    printf("%d\n",y);
    system("pause");
}
```

A. 17　　B. 18　　C. 19　　D. 20

6. 以下程序的输出结果是(　　)。

```
#include<stdio.h>
void main()
{
    char *p[]={"BOOL", "OPK", "H", "SP"};
    int i;
    for(i=3;i>=0;i--,i--)
        printf("%c", *p[i]);
    system("pause");
}
```

A. SP　　B. SH　　C. SO　　D. SB

7. 以下程序的输出结果是(　　)。

```
#include<stdio.h>
void main()
{
    int a[3][3]={{2},{4},{6}},i, *p;
    p=*a;
    for(i=0;i<2;i++)
    {
        if(i==0)
            a[i][i+1]=*p+1;
        else
            ++p;
        printf("%d",*p);
    }
    system("pause");
}
```

A. 23　　B. 26　　C. 33　　D. 36

8. 以下程序的输出结果是(　　)。

```
#include<stdio.h>
void main()
{
    int a[3][3], *p,i;
    p=&a[0][0];
    for(i=0;i<9;i++)
        p[i]=i+1;
    printf("%d",a[1][2]);
    system("pause");
}
```

A. 3　　B. 6　　C. 9　　D. 5

9. 以下程序的输出结果是(　　)。

```
#include<stdio.h>
void main( )
{
  int a[3][4]={1,3,5,7,9,11,13,15,17,19,21,23};
  int (*p)[4]=a,i,j,k=0;
  for(i=0;i<3;i++)
     for(j=0;j<2;j++)
        k+=*(*(p+i)+j);
   printf("\n%d",k);
   system("pause");
}
```

A. 60　　B. 68　　C. 99　　D. 108

10. 以下程序的输出结果是(　　)。

```
#include<stdio.h>
void main()
{
  int a[]={2,4,6,8,10},*p, **k;
  p=a;
  k=&p;
  printf("\n%d",*(p++));
  printf("%d",**k);
  system("pause");
}
```

A. 4　4　　B. 2　2　　C. 2　4　　D. 4　6

二、填空题

以下程序完成求10个数中的最大值。

```
#include<stdio.h>
void main()
{
   int a[10],i,*p, *max;
   for(p=a;p<a+10;p++)
     scanf("%d", ____①____);
   max=a;
   for(p=a+1;p<a+10;p++)
     if(*p>*max)
        ____②____;
   printf("最大值：%d\n", ____③____);
   system("pause");
}
```

三、改错题

输出字符串中的第6个字符，然后输出全部字符串。

在每行“/************ERROR****************/”的下方有一处错误，请予以更正。程序的其他部分不得改动。

```
#include<stdio.h>
void main( )
{
    char *a= "I love china! ";
    /************ERROR****************/
    int i
    /************ERROR****************/
    printf("The sixth character is %c\n",a);
    for(i=0;a[i]!='\0';i++)
    /************ERROR****************/
        printf("%s",a[i]);
   system("pause");
}
```

四、编程题

1. 利用指针方法，输入3个整数，按由大到小的顺序输出。
2. 利用指针方法编写函数，计算一个字符串的长度。在main函数中输入字符串，并输出该字符串的长度。
3. 利用指针实现将一维数组逆序存储并输出。
4. 用指针实现3×3矩阵转置。
5. 利用指向指针的指针对字符串进行排序。

第 10 章
结构体与共用体

【本章要点】

- 结构体类型与共用体类型的定义
- 结构体变量和结构体数组的定义、引用及初始化
- 用结构体变量做函数参数

【学习目标】

- 掌握结构体、共用体的定义和引用
- 熟练掌握结构体类型的变量、数组的定义、初始化及引用方法
- 了解枚举类型的定义与使用

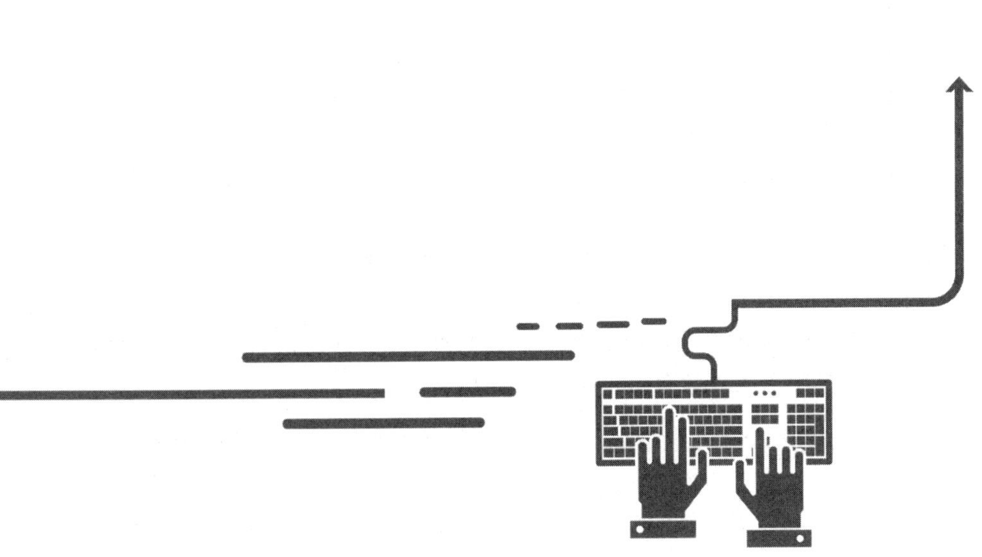

10.1 结构体类型

在前面学习的各种数据类型(包括数组)，都只能存放同类型的数据。而在编写程序中经常需要把不同类型、关系又非常密切的数据项组织在一起，作为一个整体来进行处理。例如一个学生的信息包括学号、姓名、性别、成绩等，这些信息分别具有不同的类型。而这类数据既不能用前面介绍的数组来表示(因为各成员的类型不同)，又不能设置成单个变量(因为那样做就割断了其间的有机联系)，因此 C 语言提供了构造数据类型—— 结构体、共用体等。

10.1.1 结构体的概念

结构体(structure)是一种将类型不同的多个数据项捆绑在一起构成一个有机整体的用户自定义的数据类型，它是由若干个成员组成的一种构造类型，每个成员可以是一个基本数据类型或者是一个构造类型。

10.1.2 结构体类型的定义

由于一个结构体类型包含的成员组合可能千差万别，所以结构体类型与基本数据类型(整型、实型、字符类型)不同，它必须由用户自己定义它的类型名称和包含的成员。

结构体类型定义的一般格式如下：

```
struct 标识符
{
   数据类型    成员 1;  ┐
   数据类型    成员 2;  │
   …                    ├ 成员列表
   数据类型    成员 n;  ┘
};
```

说明：

(1) struct 是定义结构体类型时必须使用的关键字，不能省略。

(2) “标识符”是对这个结构体的命名，称为结构体名，由用户自己定义，若省略，则得到的就是无名结构体。

(3) 花括号为结构成员列表限定符，表示位于其中的都是结构体的成员。结构体中的每个成员必须分别进行定义，其定义方法和一般变量的定义方法类似。

(4) 花括号后的分号表示结构体类型定义的结束，不能省略。

(5) 结构体类型的位置，可以在函数的内部，也可以在函数的外部。在函数内部定义的结构类型，只能在函数内部使用；在函数外部定义的结构体类型，其有效范围是从定义处开始，一直到源文件结束。

例如，描述一个学生的信息，其中包括学号、姓名、成绩一系列属性，如图 10-1 所示。

学号	姓名	成绩
1469128101	李进	93

图 10-1　学生信息结构

根据图 10.1 的学生信息，可以定义结构体类型如下：

```
struct student
{
   char  num[12];
   char  name[20];
   int  score;
};
```

这里声明了 struct student 是一个结构体类型名，其中包括 3 个成员。它和基本数据类型(int、float、char、double 等)具有同样的地位和作用，都是一种数据类型，只是结构体类型属于自定义数据类型。

以上结构体类型中的每个成员属于基本类型中的一种，它们中间的某些成员还可以是结构体类型。例如，图 10-1 中的成绩可以包含数学成绩、物理成绩、英语成绩等，这 3 个量可以放在一个单独的结构之中。学生信息结构如表 10-1 所示。

```
struct score
{
  int  math;
  int  physics;
  int  english;
};
```

表 10-1　学生信息结构

学　号	姓　名	成　绩
1469128101	李进	87
		90
		76

根据表 10-1 所示，学生信息的结构类型定义如下：

```
struct  student
{
   char num[11];
   char name[20];
   struct score score1;
};
```

从上面的结构体类型的定义，我们看到，结构体内部可以包含结构体类型的成员变量，即结构体出现了“嵌套”，C 语言是支持这种定义形式的，即结构体成员可以是任意的数据类型，或是基本数据类型，或是用户自定义数据类型(结构体、共用体等)。

10.1.3 结构体变量的定义

有了结构体类型，就可以用它来定义该类型的变量。结构体变量的定义可以采用如下3种格式。

1. 先声明类型再定义变量

一般格式如下：

```
struct 结构体名  ┐
{               │
   成员列表;     ├ 定义结构体类型
};              ┘
struct 结构体名 变量名          /*定义结构体变量*/
```

例如：

```
struct  student
{
   char num[11];
   char name[20];
   int score
};
struct  student  stud1,stud2;
```

其中，struct student 为结构体类型名，student 为结构体名，stud1、stud2 为结构体变量名。必须掌握三者的含义，才有助于后续内容的学习。

2. 在声明类型的同时定义变量

一般格式如下：

```
struct 结构体名
{
   成员表;
} 变量名表;
```

例如：

```
struct  student
{
   char num[11];
   char name[20];
   int  score;
} stud1,stud2;
```

提示：这种格式与第一种格式相比较，特别要注意最后一个分号的正确位置。

3. 直接定义结构体变量

一般格式如下：

```
struct
{
    成员表;
} 变量名表;
```

例如：

```
struct
{
    char num[11];
    char name[20];
    int  score;
} stud1,stud2;
```

一旦定义了结构体变量，系统会为每个变量分配相应的内存，内存的大小由声明的结构体决定。结构体变量所占的内存字节数的多少，不仅与所定义的结构体类型有关，同时还跟计算机的系统有关。可以通过函数 sizeof()计算出结构体在内存中所占的字节数，不要用对各成员类型进行简单求和的方式来计算字节数，因为这样会使该程序的可移植性变差。

提示：类型和变量是不同的概念，只能对变量进行赋值、存取或运算，不能对一个类型赋值、存取或运算。在编译时，对类型不分配存储空间，只对变量分配存储空间。

10.1.4　结构体变量的初始化

由于结构体类型是若干个成员组成的一个整体，因此，结构体变量的初始化形式与前面介绍的数组类似，需要把对应各成员的初值用花括号括起来。格式如下：

```
结构体类型名  结构体变量名={初值表};
```

“初值表”中按顺序排列的每个初始值必须与给定结构声明中的元素一一对应，顺序要相同，值的类型要相符。例如：

```
struct student
{
     char code[11];
     char name[20];
     int  score;
};
…
struct student  stud1={"1469128101", "陆成", 98};
struct student  stud2={"1469128102", "李莉", 88};
…
```

该例定义了两个结构体变量 stud1 和 stud2，并且用变量 stud1 描述陆成同学，变量 stud2 描述李莉同学。赋初值时，应保证每个初值的类型与对应成员的类型一致，并且只能在定义结构体变量时使用该格式。

如下列语句是错误的：

```
struct student stud1,stud2;
stud1={"1469128101", "陆成", 98};
stud2={"1469128102", "李莉", 88};
```

10.1.5 结构体变量的引用

1. 简单结构体变量的引用

结构体变量的使用是通过对其每个成员的引用来实现的，引用的格式如下：

```
结构体变量名.成员名
```

例如，stud1 变量中的成员可以表示如下：

```
stud1.code,stud1.name,stud1.score
```

其中，“.”是成员分量运算符，可以把 stud1.num 作为一个整体来看待。

如果成员本身又属于一个结构体类型，则要用若干个成员运算符，一级一级地找到最低一级的成员，只能对最低级成员进行赋值、存取或运算。

例如，对前面表 10-1 所定义的学生信息结构体变量 stud1，可以这样访问成绩成员：

```
stud1.score1.math
```

提示： 不能用 stud1.score1 来访问 stud1 变量中的成员 score1，因为 score1 本身又是一个结构体变量。

结构体变量中的每个成员都可以像同类型的普通变量一样进行各种运算，如：

```
strcpy(stud1.code,"1469128101");
sum=stud1.score1.math+stud1.score1.english;
```

不能对结构体变量进行整体输入和整体输出，必须分别对各成员进行输入和输出，如以下两种形式是错误的：

```
scanf("%s%s%s%d%f%c",&stud1);
printf("%s%s%s%d%f%c",stud1);
```


2. 同类型结构体变量间的引用

ANSI C 新标准允许将一个结构体类型的变量，作为一个整体赋给另一个具有相同结构体类型的变量，如：

```
struct score x,y;
…
x=y;
```

【实例 10-1】 通过键盘输入一个学生的信息(学号、姓名和三门课的成绩)，然后输出学号、姓名和平均成绩。

```
#include <stdio.h>
struct student
{
   char code[20];
   char name[20];
   int score[3];
};
void main()
{
   float avg;
   struct student stu;
   printf("input code :");
   gets(stu.code);
   printf("input name :");
   gets(stu.name);
   printf("input score :");
   scanf("%d%d%d",&stu.score[0], &stu.score[1], &stu.score[2]);
   avg=(stu.score[0]+stu.score[1]+stu.score[2])/3.0;
   printf("code:%s,name:%s,avg:%5.1f\n",stu.code,stu.name,avg);
   system("pause");
}
```

程序的运行结果：

```
input code :1469128101 ↵
input name :李进↵
input score :90 80 70↵
code: 1469128101, name:李进, avg:80.0
```

提示：对结构体类型 struct student 的定义也可以放在 main()函数的内部。

由于成员运算符(.)的优先级高于地址运算符(&)，因此，&stu.num 相当于&(stu.num)。

10.2　结构体数组

一个结构体变量，只能存储一个学生的相关信息。如果需要存储若干个学生的信息，那么就要用到结构体数组。

10.2.1　结构体数组的定义

结构体数组的定义与结构体变量类似，有 3 种方法，只需说明其为数组即可。

1. 先定义结构体类型，用结构体类型名定义结构体数组

例如：

```
struct  student
{
  char code[20];
  char name[20];
  int score[3];
};
struct student stu[3]
```

2. 定义结构体类型名的同时定义结构体数组

例如：

```
struct  student
{
  char code[20];
  char name[20];
  int score[3];
}stu[3];
```

3. 省略结构体名，直接定义结构体数组

```
struct
{
  char code[20];
  char name[20];
  int score[3];
}stu[3];
```


10.2.2　结构体数组的初始化

与其他类型的数组一样，对结构体数组可以初始化。在以上 3 种定义结构体数组的方法中都可以进行初始化，如：

```
struct
{
  char code[20];
  char name[20];
  int score[3];
}stu[3]={{"1401230701","王天",75,90,85},
         {"1401230712","李莉",68,94,83},
         {"1401230726","魏红",91,78,93}};
```

与前面学过的数组初始化相同，对全部元素初始化可省略元素个数。由于结构体是由不同类型的数据组成的，所以要特别注意初始化数据的顺序、类型应与结构体类型声明相匹配。

10.2.3　结构体数组的引用

一个结构体数组元素相当于一个结构体变量，引用结构体变量的规则同样适用于结构体数组元素。元素成员的访问通过数组元素的下标来实现，对结构体数组中元素成员的访问可采用的格式如下：

```
结构体数组名[元素下标].结构体成员名
```

例如，stu[1].name 表示结构体数组中的第二个元素的 name 成员，相当于 stu[1].name=“李莉”。

【实例 10-2】 简单的密码加密程序。

分析：加密过程需要先定义一张字母加密表，如图 10-2 所示，将需要加密的一行文字输入加密程序，程序根据加密表中的对应关系，可以很简单地将输入的文字加密输出，对于表中未出现的字符则不加密，原样输出。

输入	A	E	B	I	C	K	D	;
输出	D	I	W	A	K	B	;	C

图 10-2　密码对照表

程序如下：

```
#include <stdio.h>
struct table                    /*定义一个 struct table 结构体类型*/
{
   char input;
   char output;
};
struct table translate[]={{'A','D'}, {'B','W'},{'C','K'},{'D',';'},
                          {'E','I'}, {'I','A'},{'K','B'},{';','C'}};
void main( )
{
  char ch;
  int len,i;
  len=sizeof(translate)/sizeof(struct table);
  while((ch=getchar())!='\n')
    {
       for(i=0;translate[i].input!=ch&&i<len;i++);
       if(i<len)
          putchar(translate[i].output);
       else
          putchar(ch);
    }
   system("pause");
}
```

程序运行结果：

```
AGBKL;↵
DGWBLC
```

10.3　结构体变量与函数

与普通变量一样，结构体变量也可以作为函数参数，用于在函数之间传递数据。

10.3.1　结构体变量作函数参数

以“值传递”的方式，将结构体变量所占的内存单元的全部内容按顺序、逐个传递给形参。

【实例 10-3】 一个结构体变量 stu 包括学生的学号、姓名和 3 门课的成绩。在 main 函数中对结构体变量赋值，在 print 函数中将结果打印输出。

```
#include <stdio.h>
#include <string.h>
struct student
{
  char code[20];
  char name[20];
  int score[3];
};
void main( )
{
   void print(struct student);
   struct student stu;
   strcpy(stu.code,"1469128101");
   strcpy(stu.name,"王天");
   stu.score[0]=68;
   stu.score[1]=89;
   stu.score[2]=79;
   print(stu);
   system("pause");
}
void print(struct student stu)
{
   printf("%s\n%s\n%d\n%d\n%d\n",stu.code,stu.name,stu.score[0],stu.score
   [1],stu.score[2]);
   printf("\n");
}
```

程序运行结果：

```
1469128101
王天
68
89
79
```

说明：

- struct student 被定义为外部结构体类型，这样，同一源文件中的各个函数都可以用它来定义变量。
- main 函数中的 stu 和 print 函数中的形参 stu 均定义为 struct student 型变量。
- 在 main 函数中对 stu 变量的各成员赋值，则在调用 print 函数时以 stu 为实参向形参 stu 实行“值传递”。

10.3.2　结构体变量的成员作函数参数

结构体变量的成员作函数参数与普通变量作实参一样，应遵循实参向形参单向值传递的原则，要注意实参和形参的类型要保持一致。

【实例 10-4】 输出学号为 1469128102 的学生的年龄。

```
#include<stdio.h>
#include<string.h>
#define N  3
void print(int age)
{
  printf("年龄:%d\n",age);
}
void main()
{
  struct student
  {
    char code[20];
    char name[20];
    char sex;
    int age;
  }stu[N]={{"1469128101", "王天", 'M',19},
           {"1469128102", "李莉", 'F',18},
           {"1469128103", "赵强", 'M',19}};
  int i;
  for(i=0;i<N;i++)
    if(strcmp(stu[i].code,"1469128102")==0)
  print(stu[i].age);
  system("pause");
}
```

程序运行结果：

```
年龄: 18
```

10.3.3　结构体变量作为函数返回值

结构体变量也可以作为函数的返回值。在定义函数时，需要说明返回值的类型为相应的结构体类型。

【实例 10-5】 打印学号为1469128102的学生的全部信息。

```
#include<stdio.h>
#include<string.h>
struct student
{
   char code[20];
   char name[20];
   char sex;
   int age;
};
struct student fun(struct student stu[ ])
{
   int i;
   for(i=0;i<3;i++)
   if(strcmp(stu[i].code, "1469128102")==0)return(stu[i]);
}
void main( )
{
   struct student stu[3]={{"1469128101", "王天", 'M',19},
                          {"1469128102", "李莉", 'F',18},
                          {"1469128103", "赵强", 'M',19}};
   struct student stud;
   stud=fun(stu);
   printf("学号\t\t 姓名\t 性别\t 年龄\t\n");
   printf("%-16s%s\t%c\t%d\n",stud.code,stud.name,stud.sex,stud.age);
   system("pause");
}
```

程序运行结果：

```
学号              姓名     性别     年龄
1469128102        李莉     F        18
```

10.4 共用体数据类型

为了使多个不同类型的变量在不同时间共享同一内存空间进行数据存储，C 语言还提供了共用体类型。共用体(union)是将不同的数据类型组合在一起，共同占用同一段内存单元的用户自定义数据类型。共用体类型可以对内存空间实现共享存储。

10.4.1 共用体类型的声明

共用体类型声明的一般形式如下：

```
union  共用体类型名
{
   类型名 1     共用体成员名 1;
   类型名 2     共用体成员名 2;
```

```
  …
  类型名 n    共用体成员名 n;
};
```

例如：

```
union  unli
{
  int    i;
  float  x;
  char  ch;
};
```

其中，union 是关键字，是共用体类型的标志。unli 是共用体标识名，“共用体标识名”和“共用体成员名”都是由用户定义的标识符。共用体中的成员可以是简单变量，也可以是数组、指针、结构体和共用体(共用体成员也可以是共用体)。

10.4.2　共用体变量的定义、初始化及引用

共用体变量的定义与结构体变量的定义类似，主要有以下方式。

1. 先定义共用体类型，再定义该类型变量

例如：

```
union  unli
{
  int    i;
  float  x;
  char  ch;
};
union  unli  s1,s2,*p;
```

2. 定义共用体类型的同时定义该类型变量

例如：

```
union  unli
{
  int    i;
  float  x;
  char  ch;
} s1,s2,*p;
```

3. 直接定义共用体变量

例如：

```
union
{
  int    i;
  float  x;
```

```
    char  ch;
} s1,s2,*p;
```

共用体类型变量 s1 的存储空间如图 10-3 所示。

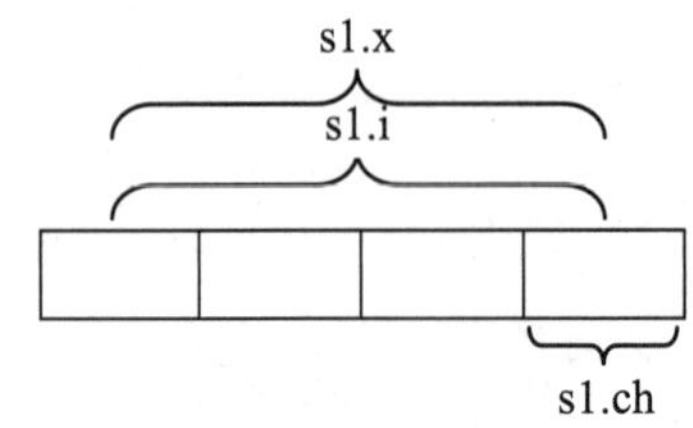

图 10-3　变量 s1 的存储空间

说明：

- 共用体变量在定义的同时只能用第一个成员的类型的值进行初始化，因此，以上定义的变量 s1 和 s2，在定义的同时只能赋予整型值。如以下语句对 unli 共用体的一个变量 s1 进行初始化：

```
union unli s1={10};
```

- 在对共用体变量初始化时，尽管只能给第一个成员赋值，但仍必须用大括号括起来。
- 共用体类型变量的定义在形式上与结构体非常相似，但它们是有本质区别的：结构体中的每个成员分别占有独立的存储空间，因此结构体变量所占内存字节数，是其成员所占字节数的总和；而共用体变量中的所有成员共享一段公共存储区，所以共用体变量所占内存字节数与其成员中占字节数最多的那个成员相等。若 int 型占 4 字节，char 型占 1 字节，float 型占 4 字节，则以上定义的共用体变量 s1 占 4 字节，而不是 4+4+1=9 个字节。
- 因为是共享存储空间，因此共用体变量中起作用的是最后一次存放的成员，在存入一个新成员后，原有成员就失去作用。
- 由于共用体变量中的所有成员共享存储空间，因此变量中的所有首地址相同，而且变量的地址也就是该变量成员的地址。例如，&s1==&s1.i==&s1.x。

4．共用体变量的引用

与结构体变量一样，也只能逐个引用共用体变量的成员，可以使用以下方式：

```
共用体变量名.成员名
```

例如，访问共用体变量 s1 各成员的格式为 s1.i，sl.x，sl.ch。

【实例 10-6】 共用体变量应用示例。

```
#include<stdio.h>
void main( )
{
   union
     {
       int a;
```

```
        char b;
    }s1;
  s1.b='A';
  printf("%c\n",s1.a);
  system("pause");
}
```

程序运行结果：

```
A
```

10.5　枚举数据类型

如果一个变量只可能取某几种值，如一个星期内只有七天，一年只有十二个月等，即数值范围有限，并且需用标识符作为其数值时，则可将它定义为枚举类型。

10.5.1　枚举类型的定义

所谓枚举就是将变量所能取的值都一一列举出来，列举的所有数值组成了一个数据类型，即枚举类型。枚举类型是由若干个标识符常量组成的有序集合。定义方法如下：

```
enum 枚举类型名 {取值表}；
```

其中，enum 是定义枚举类型的关键字，花括号中的“取值表”是构成该类型的各个成员，即枚举元素。这些枚举元素都有一个 int 值与其对应，一般按照枚举表中的排列顺序，从左至右，各个枚举元素对应的 int 值依次为 0、1、2、3、4……。

例如：

```
enum weekday{sun,mon,tue,wed,thu,fri,sat};
```

其中，weekday 是枚举类型名，有 7 个枚举元素，各个枚举元素隐含有一个 int 型值，由系统定义，依次为：sun 为 0、mon 为 1、tue 为 2、wed 为 3、thu 为 4、fri 为 5、sat 为 6，可以说这些枚举元素是相应 int 值的符号常量。

定义时，可以改变枚举元素的值，如：

```
enum weekday{sun,mon,tue=5,wed,thu,fri,sat};
```

此时，sun 的值为 0，mon 的值为 1，tue 的值为 5，后面的枚举元素值自动按顺序加 1，即 wed 的值为 6，thu 的值为 7，fri 的值为 8，sat 的值为 9。

枚举类型的定义仅仅规定该类型只准取哪几种枚举值，而并不实际分配内存。

提示： 枚举元素是常量，不是变量，不能在程序中用赋值语句赋值，如“sun=5;”是错误的。

10.5.2 枚举变量的定义

同结构体变量的定义类似，枚举变量的定义方法有如下两种。

1. 间接定义

即先定义枚举类型，再定义枚举变量。枚举变量的定义格式为：

```
enum  <枚举类型名>  <枚举变量名表>;
```

例如：

```
enum weekday{sun,mon,tue,wed,thu,fri,sat};
enum weekday  w1;
```

2. 直接定义

即在定义枚举类型的同时定义枚举变量。

例如：

```
enum weekday{sun,mon,tue,wed,thu,fri,sat}  w1;
```

或者：

```
enum {sun,mon,tue,wed,thu,fri,sat}  w1;
```

以上方法都定义了一个 weekday 类型的变量 w1，该变量的值可以取 7 种枚举值的任一个，但只能是一个。

10.5.3 有关枚举型数据的操作

设有如下枚举类型声明和枚举类型变量的定义：

```
enum weekday{sun,mon,tue,wed,thu,fri,sat};
enum weekday m1,m2;
```

1. 枚举变量的赋值

(1) 给枚举变量赋值时，赋值运算符两边必须属同一枚举类型。如："m1=sun;m2=mon;" 是正确的，而 "m1=true;" 是不合法的，因为这里 m1 被定义为 enum weekday 类型，而 true 不属于这个类型的枚举值。

(2) 只能把枚举元素赋予枚举变量，不能把元素的数值直接赋予枚举变量，如："m1=sun;m2=mon;" 是正确的，而 "m2=1;" 是错误的。如一定要把数值赋予枚举变量，则必须用强制类型转换来实现，如：

```
m1=(enum weekday)1;                    /*相当于把 mon 赋给了 m1*/
```

2. 枚举元素加(减)一个整数的运算

枚举元素可以加(减)一个整数，从而得到其后(前)面的元素，例如：

```
m1=mon+2;                /*得到枚举值 wed，相当于 m1=wed;*/
m2=m1-1;                 /*得到枚举值 tue，相当于 m2=tue;*/
```

3. 枚举类型数据的关系运算

枚举类型数据可以进行关系运算，关系比较的依据是类型声明中元素的值。例如：

- sun<tue 的值为"真"　　　/*sun 的值为 0，tue 的值为 2*/
- wed<mon 的值为"假"　　　/*wed 的值为 3，mon 的值为 1*/

4. 枚举变量的输入输出

枚举变量只能通过赋值运算得到值，不能通过 scanf()函数直接读入数据，也不能通过 printf()函数直接以标识符的形式输出枚举元素。必要时，可通过 switch 语句将枚举值以相应的字符串形式输出。

【实例 10-7】 枚举类型的应用。

```
#include<stdio.h>
void main()
{
    enum enumex{first,second,third,forth};
    enum enumex m_enumex;
    m_enumex = first;
    switch(m_enumex)
     {
       case first:
         printf("first\n");break;
      case second:
         printf("second\n");break;
      case third:
         printf("third\n");break;
      case forth:
         printf("forth\n");break;
      default: break;
    }
   system("pause");
}
```

程序运行结果：

```
First
```

10.6　综合应用实例

【实例 10-8】 设有 3 个候选人，每次输入一个得票的候选人的姓名，共投票 10 轮，要求输出 3 个人的得票结果。

分析：

(1) 定义一个结构体数组，包括 3 个元素，每个元素又含有两个成员，即 name(姓名)

和 count(票数)。

(2) 先对数组中的元素进行初始化，并将 3 位候选人的得票数赋初值 0。在主函数中定义字符数组 leader_name(候选人的姓名)。

(3) 在 10 次循环中每次输入一个被选人的具体姓名，对当前输入的姓名与 3 个候选人的姓名进行比较，若相等，则将相应的候选人的计数器 count 加 1，最后输出 3 人的名字和得票数。

```
#include<stdio.h>
struct  p
  {
   char name[20];
   int count;
  }leader[3]={"zhang",0, "wang",0, "li",0};
void main()
{
   int i,j;
   char leader_name[20];
   for(i=1;i<=10;i++)
   {
      gets(leader_name);
      for(j=0;j<=2;j++)
          if(strcmp(leader_name,leader[j].name)==0)
              leader[j].count++;
   }
   printf("\n");
   for(i=0;i<3;i++)
      printf("%3s:%d\n",leader[i].name,leader[i].count);
   system("pause");
}
```

本 章 小 结

本章首先详细介绍了 C 语言中的重要构造类型——结构体、共用体类型的定义及使用方法，然后介绍了枚举类型及变量的定义。

结构体是由不同的基本数据类型构造而成的。若干个同类型的结构体变量，可构成结构体数组。

共用体可以实现将不同类型的变量存放到同一内存单元，以达到节省空间的目的。在每一时刻，存放和起作用的是最后一次存入的成员值。

枚举类型用于声明一组命名的常数，当一种变量只有几种可能的取值时，可以使用枚举类型。

习　　题

一、选择题

1. 下面的 4 个运算符中，优先级最低的是(　　)。

   A. ( )　　B. .　　C. —>　　D. ++

2. 已知：

```
struct
{
  int i ;
  char c ;
  float a;
}test;
```

则 sizeof(test)的值是(　　)。

   A. 4　　B. 5　　C. 6　　D. 12

3. 设有以下声明语句：

```
struct stu
{
  int  a;
  float b;
}stutype;
```

则下面叙述中错误的是(　　)。

   A. struct 是结构类型的关键字

   B. struct stu 是用户定义的结构类型

   C. stutype 是用户定义的结构类型名

   D. a 和 b 都是结构成员名

4. 有以下结构体声明、变量定义和赋值语句：

```
struct STD
{
  char name[20];
  int  age ;
  char sex;
}  s[5];
```

则以下 scanf 函数调用语句中，错误引用结构体变量成员的是(　　)。

   A. scanf("%s", s[0].name);　　B. scanf("%d", &s[0].age);

   C. scanf("%c", &s[0].sex);　　D. scanf("%d", &s[0].name);

5. 设有以下说明，则错误的叙述是(　　)。

```
union data
{
  int i;
```

```
  char c;
  float f;
}a;
```

A. a 所占的内存长度等于成员 f 的长度

B. a 的地址和它的各成员地址都是同一地址

C. a 可以作为函数参数

D. 不能对 a 赋值，但可以在定义 a 时对它初始化

6. 以下对 C 语言中共用体类型数据的正确叙述是(　　)。

A. 一旦定义了一个共用体变量，即可引用该变量或该变量中的任意成员

B. 一个共用体变量中可以同时存放其所有成员

C. 一个共用体变量中不能同时存放其所有成员

D. 共用体类型数据可以出现在结构体类型定义中，但结构体类型数据不能出现在共用体类型定义中

7. 已知学生记录描述如下:

```
struct  student
 {
   int no;
   char name[20];
   char sex;
   struct
    {
      int year;
      int month;
      int day;
    } birth;
  };
struct  student s;
```

设变量 s 中的“生日”应是“1984 年 11 月 11 日”，下列对“生日”的正确赋值方式是(　　)。

A. year = 1984; month = 11; day=11;

B. birth.year = 1984; birth.month=11; birth.day = 11;

C. s.year=1984; s.month=11; s.day=11;

D. s.birth.year=1984; s.birth.month=11; s.birth.day=11;

8. 当声明一个结构体变量时，系统分配给它的内存是(　　)。

A. 各成员所需内存量的总和

B. 结构中第一个成员所需内存量

C. 成员中占内存量最大者所需的容量

D. 每个单元的大小取决于结构体最大基本类型的大小

9. 以下程序运行结果正确的是(　　)。

```
struct a {
  int x;
```

```
   int y;
}num[2]={1,3,2,7};
void main()
{
   printf("%d\n",num[0].y*num[1].x);
   system("pause");
}
```

A. 0　　B. 1　　C. 3　　D. 6

10. 根据下面的定义，能打印出字母 M 的语句是(　　)。

```
struct person
{
   char name[9];
   int age;
};
struct person class[10]={"John",17, "Paul",19, "Mary",18, "adam",16};
```

A. printf("%c\n", class[3].name);

B. printf("%c\n", class[3].name[1]);

C. printf("%c\n", class[2].name[1]);

D. printf("%c\n", class[2].name[0]);

二、填空题

1. 有以下定义：

```
struct {
   int x;
   int y;
}a[2]={{1,2},{3,4}},*p=a;
```

则表达式++p->x 的结果是____①____。

表达式(++p)->x 的结果是____②____。

2. 以下程序用于查找成绩最高和最低的学生姓名和成绩。

```
#include<stdio.h>
struct {
    char name[10];
    int score;
}stu[5]={"李萍",92,"王兵",72,"周宁",83,"孙立文",95,"徐涛明",88};
void main()
{
    int max,min,i,j;
    max=min=0;
    for(i=1;i<5;i++)
    {
        if(stu[i].score>stu[max].score)____①____;
        else
        if(stu[i].score<stu[min].score)____②____;
    }
printf("最高分:%s,%d\n",________③________);
```

```
printf("最低分:%s,%d\n",__________④__________);
system("pause");
}
```

三、改错题

在每行“/********ERROR*********/”的下方有一处错误，请改正。程序的其他部分不得修改。

1. 输出共用体变量的一个成员值。

```
/***************ERROR**************************/
#include (stdio.h)
union pw
{
  int i;
  char ch[2];
}a;
/***************ERROR**************************/
void main( )
{
   a.ch[0]=13;
   a.ch[2]=0;
/***************ERROR**************************/
   printf("%f\n",a.i);
   system("pause");
}
```

2. 计算共用体所占的存储空间。

```
/***************ERROR**************************/
define union student
{
  char name[10];
  long sno;
  char sex;
  float score[4];
}stu;
/***************ERROR**************************/
void main()
{
   student a[5];
/***************ERROR**************************/
   printf("%d\n",sizeof(a[5]));
   system("pause");
}
```

3. 根据程序将 t 的值输出。

```
struct info
 {
   char a,b,c;
 };
```

```
/**************ERROR*************************/
void main( )
{
  struct info s[2]={{'a', 'b', 'c' },{'d', 'e', 'f'}};
  char t;
  t=(s[0].b-s[1].a)+(s[2].c-s[0].b);
  printf("%d\n",t);
  system("pause");
}
```

四、编程题

用结构体存放下表中的数据，然后输出每个人的姓名和实发工资(基本工资+浮动工资−支出)。

姓　名	基本工资	浮动工资	支　出
张三	4400	1200	800
李四	5600	1500	900
王五	6200	1800	1200

第 11 章
文　件

【本章要点】

- 文件的基本概念
- 文件的打开与关闭
- 文件的读/写操作

【学习目标】

- 理解文件的概念、作用和文件类型
- 理解文件指针的概念及应用
- 掌握“文件打开方式”的应用
- 掌握字符、字符串、数据块和格式化文件读写函数的用法
- 理解文件定位函数的功能与使用方法

在前面章节的程序中，数据的输入和输出都是以键盘和屏幕来实现的，即从键盘输入数据，程序的运行结果输出到屏幕上。但是在实际应用中，常常需要从文件中读取数据，并将运行结果存储到文件中。这就是本章要介绍的内容——文件的操作。

11.1　文件的基本概念与分类

11.1.1　文件的基本概念

文件(file)是程序设计中的重要概念。文件是指存储在外部存储介质(如磁盘等)、在逻辑上有联系的数据的集合。操作系统对外部介质是以文件的形式进行管理的，如前面多次使用的源程序文件(*.c)、目标文件(*.obj)、可执行文件(*.exe)等。

在 C 语言中，把数据的集合看成是字符或字节序列，也就是由一个一个的字符或字节组成的有序字节流。流式文件以字节为单位访问，允许灵活地对一个字节进行存取操作。

11.1.2　文件的分类

C 语言的文件，根据数据的组织形式，可分为 ASCII 文件和二进制文件。ASCII 文件又称文本文件(text file)，是由 ASCII 码字符组成的文件，该文件中的一个字节存放一个 ASCII 码。

二进制文件(binary file)是把数据按其在内存中的存储形式原样输出到磁盘上存放。用二进制文件存储数据，可以节省空间。例如整数 1234567，如果以 ASCII 形式存储，占 7 个字节；如果按二进制形式存储，在磁盘上占 4 个字节。其数据组织方式分别如图 11-1 所示。

内存中存储形式	00000000	0010010	11010110	10000111			
ASCII形式	00110001	00110010	00110011	00110100	00110101	00110110	00110111
	(1)	(2)	(3)	(4)	(5)	(6)	(7)
二进制形式	00000000	0010010	11010110	10000111			

图 11-1　整数 1234567 的 ASCII 表示和二进制表示

使用 ASCII 文件，一个字节代表一个字符，便于对字符进行一一处理和输出，但存储时会占用较多的存储空间，而且读写时，需要转换 (ASCII 码与二进制间的转换)。使用二进制文件，在内存中的数据形式与输出到外部文件中的数据形式完全一致，不需要转换，处理效率高，但不直观，一个字节并不对应一个字符或一个数，不能直接输出字符形式。我们经常用到的 C 语言源程序 .c 是文本文件，经过编译、链接产生的可执行文件(.exe)是二进制文件。

11.1.3　文件缓冲区

ANSI C 标准采用“缓冲文件系统”处理数据文件，即系统自动在内存中为程序正在使用的每一个文件开辟一个文件缓冲区。从内存向磁盘输出数据，必须先送到内存中的缓冲区，装满缓冲区后再一起送到磁盘。如果从磁盘向计算机输入数据，则一次从磁盘文件中将一批数据输送到内存缓冲区，直至充满缓冲区，然后再从缓冲区逐个地将数据送到程序数据区(送程序变量)。文件缓冲区工作流程如图 11-2 所示。文件缓冲区的大小由具体的 C 编译系统确定。

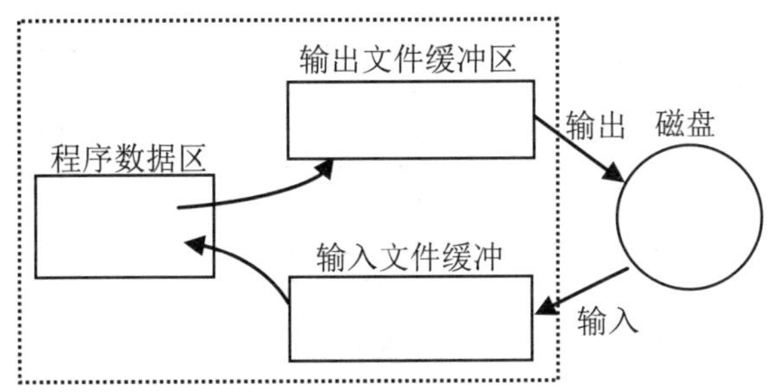

图 11-2　文件缓冲区工作流程

11.2　文件的基本操作

11.2.1　文件类型指针与文件位置指针

1. 文件类型指针

每个被使用的文件都在文件缓冲区里存放文件的相关信息，如文件名、文件状态、缓冲区状态、文件当前位置等。这些信息保存在一个结构体变量中。该结构体类型由系统在标准 stdio.h 头文件中定义，取名为 FILE。FILE 的完整定义如下：

```
typedef struct
{
   short            level;        /*缓冲区“满”或“空”标志*/
   unsigned         flags;        /*文件状态标志*/
   char             fd;           /*文件描述符*/
   unsigned char    hold;         /*如无缓冲区不读取字符*/
   short            bsize;        /*缓冲区大小*/
   unsigned char    *buffer;      /*数据传输缓冲区*/
   unsigned char    *curp;        /*指针当前的指向*/
   unsigned         istemp;       /*临时文件指示器*/
   short            token;        /*用于有效性检查*/
} FILE;
```

有了结构体 FILE 类型，就可以用它来定义 FILE 类型的变量来存放文件的信息，也可以定义文件类型的指针变量。

定义文件类型指针变量(简称文件指针)的一般形式如下：

```
FILE  *指针变量名;
```

例如：

```
FILE  *fp;
```

fp 是一个指向 FILE 结构体的指针变量，称之为文件指针。可以使 fp 指向某一个文件的文件信息区，通过该文件信息区中的信息能够访问该文件。如果有 n 个文件，应该设 n 个指针变量，分别指向这 n 个 FILE 类型变量，以实现对 n 个文件的访问，如图 11-3 所示。

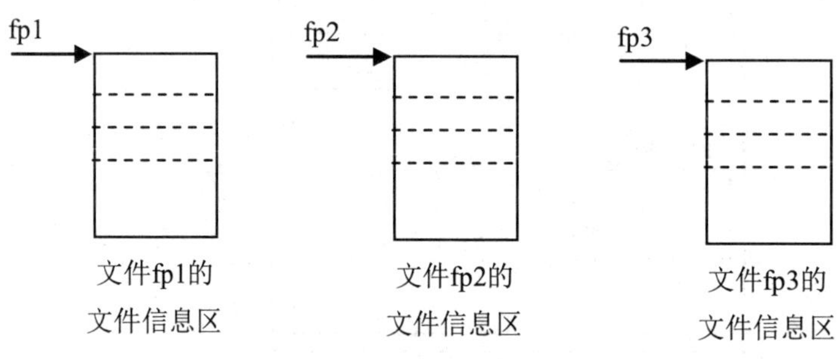

图 11-3　文件指针

另外，C 语言将外部设备也当作文件处理。在标准头文件 stdio.h 中，定义了 3 个连到相应外部设备的标准文件类型指针：

- 标准输入文件(即键盘)，文件指针为 stdin。
- 标准输出文件(即显示器)，文件指针为 stdout。
- 标准错误信息文件，规定错误信息显示在屏幕上，文件指针为 stderr。

标准文件操作的特点是系统启动后，这 3 个标准文件被自动打开，用户可以直接进行操作，系统退出后，它们也被自动关闭。

C 语言对文件的操作一般为 3 个步骤：打开文件、读/写文件、关闭文件。

2. 文件位置指针

文件内部有一个位置指针，用来指向文件的当前读写字节，也被称为文件读/写指针。当文件打开时，该指针或者指向文件头，或者指向文件尾，这与打开方式有关，并且随着文件的读/写而不断改变。

它与文件指针的区别如下。

(1) 文件指针是指向整个文件的，须在程序中定义说明，只要不重新赋值，其值是不变的。

(2) 文件位置指针用来指示文件内部的当前读/写位置，每读/写一次，该指针就向后移动一次，而且我们可以通过相应的位置函数来改变位置指针的位置。它不需要在程序中定义说明，是由系统自动设置的。

C 语言中所有的文件操作都是利用系统所提供的 I/O 库函数来完成的。下面介绍常用的文件操作函数。

11.2.2　打开文件函数 fopen( )

在 C 语言中，文件的打开操作是通过 fopen()函数来实现的，此函数的声明在头文件 stdio.h 中，调用方式如下：

```
FILE *fopen(文件名,使用文件方式);
```

其中，“文件名”是指将被打开的文件的名称，可以是字符串常量或字符串数组，一般要求为文件全名(由文件所在的路径及文件名构成)。“使用文件方式”是指对文件的操作模式。当正常打开该文件时，返回值为该文件的首地址；若打开该文件失败，则返回值为 NULL。

例如，将 C 盘根目录下的文本文件 student.txt 以“只读”的方式打开的语句如下：

```
FILE *fp;
fp=fopen("c:\\student.txt", "r");
```

fopen()函数返回指向 student.txt 文件的指针并赋给 fp，fp 就指向了 student.txt 文件。

提示：路径连接符一定要用“\\”，不能用“\”(反斜杠)，因为 C 语言中的转义字符以“\”开头，系统会把字符“\”及其后面的字符看成是转义字符。另外，除了可以使用“\\”外，还可以用“/”，则上面的路径可以写成 fopen("c:/student.txt", "r")。

使用文件方式如表 11-1 所示。

表 11-1　使用文件方式

方式	含　义	文件不存在时	文件存在时
r	打开一个已存在的文本文件，准备从文件中读数据，不能向文件中写数据	返回错误标志	打开文件
w	创建一个新文本文件，准备向文件中写入数据，不能从文件中读数据。如果该文件已经存在，这个文件将被覆盖	建立新文件	打开文件，原文件内容清空
a	以追加方式打开一个文本文件，不能从文件中读取数据	建立新文件	打开文件，在文件尾追加数据
r+	打开一个已经存在的文本文件，准备读写。既可以读，也可以写	返回错误标志	打开文件
w+	创建一个新的文本文件，准备读写。如果文件已经存在，则覆盖原文件	建立新文件	打开文件，原文件内容清空
a+	以追加方式打开一个文本文件，但可以读取文件的数据	建立新文件	打开文件，在文件尾追加数据
b	与上面的方式组合使用，如 rb、wb 等，表示打开一个二进制文件		

对表 11-1 的说明如下。

(1) r(读方式)。文件打开时，文件位置指针指向文件头，读操作从文件位置指针所指处开始。文件不存在时，出现错误标志。

(2) w(写方式)。若文件不存在，则按用户指定的名称创建新文件；若文件已经存在，则新写入的内容会覆盖旧内容。

(3) a(追加方式)。若文件不存在，则按用户指定的名称创建新文件；若文件已经存在，则将它打开，新的内容添加在末尾。

(4) r+、w+、a+方式。用这几种方式打开文件后，既可以读，也可以写。其中以 r+方式打开，要求文件已经存在。

需要说明的是：使用方式一经说明就不能改变，除非关闭文件后重新打开。

在正常情况下，fopen()函数返回指向文件的指针，若有错误发生，则返回值为 NULL。为了防止错误发生，一般都要对 fopen()函数的返回值进行判断。因此，常用以下程序段打开文件：

```
fp=fopen(文件名, 打开方式);
if(fp==NULL)
{
    printf("can not open this file\n");
      exit(0);
}
```

这段程序的含义是，如果 fopen()函数返回的指针值为空，表示不能打开指定的文件，并给出提示信息 can not open this file，然后执行 exit(0)语句退出程序。其中 exit()函数的作用是关闭所有文件，终止正在执行的程序。

11.2.3　关闭文件函数 fclose()

一个文件使用完后应该及时关闭它，以防止文件再被误操作。“关闭”就是释放文件指针变量，使文件指针与文件“脱钩”。关闭文件实际上完成了以下两个操作。

(1) 清除文件缓冲区。将缓冲区中的数据输出到磁盘文件中，保证数据不丢失。

(2) 释放文件指针变量。使文件指针变量不再指向该文件。

fclose()函数调用的一般形式如下：

```
int fclose(文件指针);
```

例如：

```
fclose(fp)
```

如果文件关闭成功，则 fclose()函数返回 0，否则返回非 0 值。

程序终止之前，一定要关闭所有的文件，否则可能会导致文件的数据丢失。

11.3　文件的读写

文件打开后，就可以进行读/写操作。读操作是将文件的内容从磁盘上读入内存，写操作是将文件的内容从内存写到磁盘上。

常用的读写函数的声明包含在头文件 stdio.h 中，主要包括以下 4 组函数。

- 字符读/写函数：fgetc( )和 fputc( )。
- 字符串读/写函数：fgets( )和 fputs( )。
- 数据块读/写函数：fread( )和 fwrite( )。
- 格式化读/写函数：fscanf( )和 fprintf( )。

11.3.1　字符读/写函数

字符读/写函数以字符(字节)为读写的基本单位，包括 fgetc()和 fputc()两个函数。

1. 字符写函数 fputc()

fputc()函数的调用格式如下：

```
int fputc(ch,fp);
```

fputc(ch,fp)函数的作用是将字符 ch 写入到指针 fp 所指向的文件。ch 既可以是一个字符常量，也可以是一个字符变量。fputc()函数若写入成功，则返回写入的字符；若写入失败，则返回 EOF(表示 End of File)。

在使用 fputc()函数时，所操作的文件必须以写、读/写或追加方式打开。当正确地写入数据后，文件位置指针会自动移动一个字节，指向下一个待写入的位置，因此可连续多次使用 fputc()函数向文件写入字符。

【实例 11-1】 从键盘输入若干个字符，以#结束输入，并保存在文本文件 aa.txt 中。

分析：(1) 以“写”方式打开文件。

(2) 利用循环结构，实现输入一串字符(直到输入#结束)，并把每个字符写入文件 aa.txt 中。

(3) 关闭文件。

程序如下：

```
#include<stdio.h>
#include<stdlib.h>
void main()
{
    FILE *fp;                               /*定义文件类型指针*/
    char ch;
  fp=fopen("aa.txt", "w");              /*以写的方式打开文本文件 aa.txt */
    if(fp==NULL)
      {
        printf("can not open the file\n");
```

```
        exit(0);
    }
  else
    {
      printf("文件创建成功！请输入字符：\n");
      ch=getchar();                              /*输入第一个字符*/
      while(ch!='#')
      {
        fputc(ch,fp);                            /*将字符写入文件*/
        putchar(ch);                             /*在屏幕上显示字符*/
        ch=getchar();                            /*继续输入下一个字符*/
      }
   }
   fclose(fp);                                   /*关闭文件*/
  system("pause");
}
```

程序运行结果：

```
文件创建成功！请输入字符：
I like C!# ↵
I like C!
```

aa.txt 文件的内容如图 11-4 所示。

aa.txt - 记事本

文件(F) 编辑(E) 格式(O) 查看(V) 帮助(H)

I like C!

图 11-4　实例 11-1 生成的文件

提示：程序中可以将字符写入文件的语句改写为：

```
while((ch=getchar())!='#')
{
    fputc(ch,fp);
    putchar(ch);
}
```

需要注意的是 “(ch=getchar())” 表达式的括号不能省略，因为赋值操作的优先级比 “!=” 的优先级低，所以需要用括号确保运算的优先级。

2. 字符读函数 fgetc( )

fgetc()函数的调用格式如下：

```
int fgetc(fp);
```

如：

```
ch=fgetc(fp);
```

其功能是从 fp 所指的文件中读取一个字符并赋给变量 ch，并将文件位置指针移动一个字节(即指向下一个字符)，这样连续调用该函数就可以读取文件中的每个字符，并可使用文件结束标志 EOF(即-1)来判断是否到了文件末尾。

例如：

```
ch=fgetc(fp);
while(ch!=EOF)
{
   putchar(ch);
   ch=fgetc(fp);
}
```

3. 判定文件结束函数 feof()

一般调用形式如下：

```
int feof(fp);
```

其功能是：测试 fp 所指向文件的位置是否指向文件尾。如果是，函数 feof(fp)的值为非 0(真)，否则为 0(假)。

刚才提到，文本文件是以 EOF 作为文件结束的标志，但在二进制文件中，读入某一个字节中的二进制数据的值有可能为-1，如果仍然以 EOF 作为判断标志，就会出现读入的有用数据被处理为“文件结束”的情况。为了解决这个问题，ANSI C 提供了一个 feof()函数来判断文件是否真的结束。feof()函数既适用于二进制文件，也适用于文本文件。因此，如果想顺序读入二进制文件中的全部数据，可以用如下程序语句实现：

```
while(!feof(fp))
{
 c=fgetc(fp);
}
```

【实例 11-2】 将文本文件 aa.txt 的内容复制到另一个文件 bb.txt 中。

分析：(1) 以“读”的方式打开文本文件 aa.txt，以“写”的方式打开文本文件 bb.txt。

(2) 利用循环结构：逐次读出 aa.txt 文件中所有的字符，并一一写入 bb.txt 文件中。

(3) 关闭文件。

程序如下：

```
#include<stdio.h>
#include<stdlib.h>
void main()
{
  FILE *fp1,*fp2;
  char ch;
  fp1=fopen("aa.txt", "r"))==NULL); /*打开文件 aa.txt 读字符*/
```

```
  if(fp1==NULL)
     {
      printf("can not open the file\n");
      exit(0);
     }
  fp2=fopen("bb.txt", "w"); /*打开文件 bb.txt 用于写字符*/
    if(fp2==NULL)
      {
     printf("can not create the file\n");
     exit(0);
      }
    while(!feof(fp1))               /*如果文件 aa.txt 没有读取结束 */
      {
       ch=fgetc(fp1);               /*读取 aa.txt 中的一个字符 */
         fputc(ch,fp2);             /*写入 bb.txt 文件一个字符 */
      }
     fclose(fp1);                  /*关闭文件*/
     fclose(fp2);
     system("pause");
}
```

11.3.2　字符串读/写函数

1. 写字符串函数 fputs()

fputs()函数的功能是向指定的文件写入一个字符串，其调用形式如下：

```
int fputs(字符串,文件指针);
```

其中，“字符串”可以是字符串常量，也可以是字符数组名，或指针变量。

例如：

```
char c[100];
char *s;
......
fputs("book",fp);              /*把字符串"book"写入 fp 所指的文件中*/
fputs(c,fp);                   /*把字符数组 c 的内容写入 fp 所指的文件中*/
fputs(s,fp);                   /*把字符指针 s 所指的字符串写入 fp 所指的文件中*/
```

需要指出的是：在利用函数 fputs()将字符串写到文件的过程中，字符串最后的字符串结束符“\0”并不会写到文件中，也不会自动加换行符“\n”，因此，为了便于以后的读入，在写字符串到文件时，可以加入“\n”。写入操作成功时，函数返回非负值，而操作失败则返回 EOF。

【实例 11-3】 向文本文件 aa.txt 中写入字符串。

分析：(1) 以“写”的方式打开文本文件 aa.txt。

(2) 通过键盘录入一个字符串，再利用 fputs()函数写入文件。

(3) 关闭文件。

程序如下：

```
#include <stdio.h>
#include<stdlib.h>
#include<string.h>
void main()
{
    FILE  *fp;
  char  str[80];
    fp=fopen("aa.txt","w");
    if(fp==NULL)
     {
       printf("Can not open this file. \n");
       exit(0);
     }
    gets(str)
    fputs(str,fp);
  fclose(fp);
  system("pause");
}
```

程序运行结果：

```
Hello World↵
```

打开 aa.txt 文件，文件的内容如图 11-5 所示。

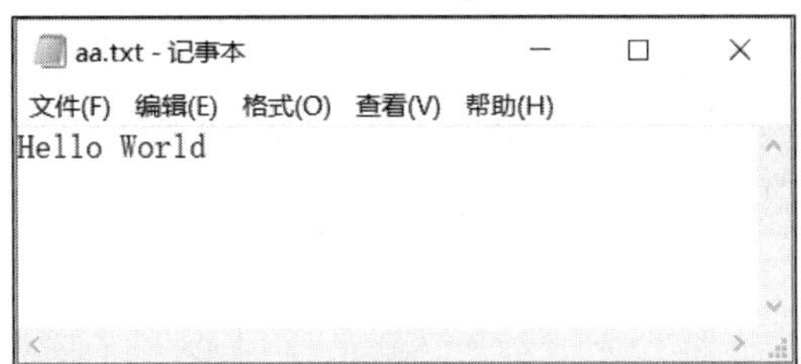

图 11-5　实例 11-3 运行结果

2．读字符串函数 fgets()

fgets()函数的功能是从指定的文件中读出一个字符串，函数调用的形式如下：

```
char *fgets(str,n,文件指针);
```

其中，str 是字符数组名或字符指针，n 是一个正整数。

该函数实现从 fp 所指的文件中读取 n−1 个字符存入以 str 为起始地址的空间内，并在读出的最后一个字符后自动加上字符串结束符“\0”。

例如：

```
char str[20];
......
fgets(str,10,fp);    /* 从 fp 所指向的文件中读出 9 个字符存入字符数组 str 中 */
```

提示：在使用 fgets()读出 n-1 个字符之前，如遇到了换行符或 EOF，则读出结束。

fgets()函数也有返回值，其返回值是 str 的首地址，如果读取失败则返回 NULL。

【实例 11-4】 从文本文件 aa.txt 中读取数据。

分析：(1) 以“读”方式打开文件。

(2) 利用 fgets()函数读取指定长度的字符串。

(3) 关闭文件。

程序如下：

```
#include <stdio.h>
#include <stdlib.h>
void main()
{
   FILE  *fp;
   char  str[30];
   fp=fopen("aa.txt","r"));
   if(fp==NULL)
   {
      printf("Can not open this file. \n");
      exit(0);
   }
   fgets(str,30,fp);
   puts(str);
   fclose(fp);
   system("pause");
}
```

11.3.3 数据块读/写函数

前面介绍的函数只能对字符或字符串进行读写，有时需要读/写一整块数据，就要用到 C 语言提供的用于对整块数据进行读/写的函数 fread()和 fwrite()。这两个函数可以对一整块数据，如多个数据元素或一个结构体变量的值等进行一次性读/写，经常用在非文本文件的读写，如语音、图像等文件。

1. 写数据块函数 fwrite()

写数据块函数 fwrite()调用的一般形式如下：

```
int fwrite(buffer,size,count,fp);
```

其中，buffer 是指针，指向将输出至文件的数据在内存中存放的首地址，size 为一次输出数据块的大小(字节数)，count 为要读/写的数据块块数，fp 为文件指针。正常操作返回 count 的值(不是字节数)，否则返回值为 0。

其功能是：将从 buffer 为首地址的内存中一次取出 size 个字节，重复 count 次，并将

输出的数据存放到 fp 所指的文件中，同时文件位置指针移动 size×count 个字节。该函数的返回值是写入文件中的数据项个数。

【实例 11-5】 从键盘输入 5 个学生记录，保存在文件 score.dat 中。

分析：块数据的写入用 fwrite 较为合适。

(1) 从键盘输入 5 个学生记录。

(2) 用 fwrite 函数写入文件 score.dat 中。

(3) 关闭文件。

程序如下：

```
#define N 5
#include <stdio.h>
struct  student
{
   char name[10];
   int  score;
};
void main()
{
   FILE  *fp;
   int k;
   struct student student[N];
   fp=fopen("score.dat","wb");
   if(fp==NULL)
   {
      printf("Can not open this file. \n");
      exit(0);
   }
   printf("Input name and score:\n");
   for(k=0;k<N;k++)
   {
      scanf("%s %d",student[k].name,&student[k].score);
      fwrite(&student[k],sizeof(struct student),1,fp);
   }
   fclose(fp);
   system("pause");
}
```

程序中 for 语句将数组中的 N 个元素依次写入 fp 所指定的文件中，并且每次只写一个元素。也可以不采用循环，把 N 个元素的数据一次性写入文件中。如上述程序段的循环部分可以用以下语句替代：

```
fwrite(student,sizeof(struct student),N,fp);
```

或者：

```
fwrite(student,N*sizeof(struct student),1,fp);
```

2. 读数据块函数 fread()

读数据块函数 fread()调用的一般形式如下：

```
int  fread(buffer,size,count,fp);
```

其中，buffer 是一个指针，指向存放数据的内存区域的首地址。size 为一次读入数据块的大小(字节数)，count 为要读取的数据块块数，fp 为文件指针。正常操作返回 count 的值(不是字节数)，否则返回 0。

其功能是从 fp 所指向文件的当前位置开始，一次读出 size 个字节，重复 count 次，并将读出的数据存放到 buffer 所指的内存地址中，同时将文件位置指针移动 size×count 个字节。该函数返回成功读取的数据个数。如果文件能正常打开，fread 函数可以读取任何类型的数据。

例如：

```
float a[10];
fread(a,4,5,fp);
```

其含义是从 fp 所指的文件中，每次读 4 个字节(一个 float 型数据)存入数组 a 中，连续读 5 次，即读取 5 个单精度数存入数组 a 中。

还可以用 fread()函数读取一个结构体类型的数据。

【实例 11-6】 从文件 score.dat 中读出学生的成绩记录，输出到屏幕上。

分析：块数据的读出用 fread 较为合适。

程序如下：

```
#define N 5
#include <stdio.h>
struct  student
{
   char name[10];
   int  score;
};
void main()
{
   FILE  *fp;
   struct student  s[N];
   int k;
   fp=fopen("score.dat","r");
   if(fp==NULL)
   {
      printf("Can not open this file. \n");
      exit(0);
   }
   printf("Output name and score from file:\n");
   for(k=0;k<N;k++)
   {
      fread(&s[k],sizeof(struct student), 1,fp);
      printf("%s  %d",s[k].name,s[k].score);
   }
   fclose(fp);
   system("pause");
}
```

程序中读取数据块也可以不采用循环，把 N 个元素的数据一次性读到数组中。则上述程序段的 for 语句部分可以用以下语句替代：

```
fread(student,sizeof(struct student),N,fp);
```

或者：

```
fread(student,N*sizeof(struct student),1,fp);
```

11.3.4　格式化读/写函数

格式化读函数 fscanf()、格式化写函数 fprintf()与前面使用的 scanf()和 printf()函数的功能相似，都是格式化读/写函数。两者的区别在于，fscanf()函数和 fprintf()函数的读/写对象不是键盘和显示器，而是磁盘文件。这两个函数的调用格式如下：

```
fscanf(文件指针,格式字符串,输入表列);
fprintf(文件指针,格式字符串,输出表列);
```

例如：

```
fprintf(fp,"%6.2f",t);          /*将变量 t 的值按“%6.2f”格式写入 fP 所指文件*/
fscanf(fp,"%d",&i);             /*从 fp 所指文件中读取一个整数存入变量 i 中 */
```

【实例 11-7】 输入 40 个学生的成绩，并将学生的成绩写入文件 file.txt 中。

分析：利用循环读入 40 个学生的成绩，再利用循环将学生的成绩写入文件中。

程序如下：

```
# include <stdio.h>
# include <stdlib.h>
void main()
{
   FILE  *fp;
   int score[40],i;
   fp=fopen("file.txt","w+");
   if(fp==NULL)
   {
      printf("Can't open file!\n");
      exit(0);
   }
   for(i=0;i<40;i++)
      scanf("%d",&score[i]);
   for(i=0;i<40;i++)
      fprintf(fp, "%4d",score[i]);
   fclose(fp);
   system("pause");
}
```

【实例 11-8】 从 file.txt 中读取学生的成绩，并以每行 5 个显示在屏幕上。

分析：利用循环将文件中学生的成绩读入数组中，再显示在屏幕上。

程序如下：

```
#include<stdio.h>
#include<stdlib.h>
void main()
{
     FILE  *fp;
     int score[40],i=0,N;
   fp=fopen("file.txt","r");
     if(fp==NULL)
      {
        printf("Can't open file!\n");
        exit(0);
      }
     while(!feof(fp))
      {
        fscanf(fp,"%d",&score[i]);
        i++;
      }
     N=i;
     for(i=0;i<N;i++)
       {
          printf("%4d",score[i]);
          if((i+1)%5==0)
             printf("\n");
     }
     fclose(fp);
     system("pause");
}
```


11.3.5　文件读/写函数的选用原则

从功能角度来说，fread 和 fwrite 函数就能够完成文件的任何读/写操作。但本着方便、易用的原则，建议读者依照下列原则选用文件读/写函数。

(1) 读写 1 个字符(或字节)数据时，选用 fgetc 和 fputc 函数。

(2) 读写 1 个字符串时，选用 fgets 和 fputs 函数。

(3) 读写 1 个(或多个)不含格式的数据时，选用 fread 和 fwrite 函数。

(4) 读写 1 个(或多个)含格式的数据时，选用 fscanf 和 fprintf 函数。

对使用文件类型的要求如下

(1) fgetc 和 fputc 函数主要对文本文件进行读写，但也可对二进制文件进行读写。

(2) fgets 和 fputs 函数主要对文本文件进行读写，对二进制文件操作无意义。

(3) fread 和 fwrite 函数主要对二进制文件进行读写，但也可对文本文件进行读写。

(4) fscanf 和 fprintf 函数主要对文本文件进行读写，对二进制文件操作无意义。

11.4　文件的定位

前面介绍的文件读/写方式都是顺序读写，即从文件的开头顺序读/写每一个数据。在顺序读/写一个文件时，每次读/写完一个字符后，文件内部的位置指针自动指向下一个字符位置。但在实际问题中，常要求只读/写文件中某一指定的部分。为了解决这个问题，可移动文件内部的位置指针到需要读/写的位置，再进行读/写，这种读写方式称为随机读写。

实现随机读写的关键是按要求移动位置指针，这称为文件的定位。在 C 语言中，文件定位是通过函数来实现的。

11.4.1　重返文件头 rewind()函数

rewind()函数可以在文件运行的过程中将文件位置指针重新移动到文件的开头，该函数无返回值。

rewind()函数的调用格式如下：

```
rewind(文件指针);
```

【实例 11-9】 写一个字符串到文件中，并在屏幕上输出该字符串的前 10 个字符。

分析：(1) 以 w+(读写)方式打开一个文件。

(2) 用 fputs()函数向该文件写入一个字符串。此时文件位置不在文件开头。

(3) 用 rewind()函数把文件位置指针移到文件首，为读做准备。

(4) 用 fgets()函数从文件读出 10 个字符，然后显示在屏幕上。

(5) 关闭文件。

程序如下：

```
#include <stdio.h>
#include <stdlib.h>
void main()
{
   FILE *fp;
   char st[80];
   if((fp=fopen("cc.txt", "w+"))==NULL)
   {
      printf("can not open the file\n");
      exit(1);
   }
   printf("请输入一串字符：\n");
   gets(st);
   fputs(st,fp);
   rewind(fp);
   fgets(st,11,fp);
   puts(st);
   fclose(fp);
```

```
    system("pause");
}
```

程序运行结果：

```
请输入一串字符:
You are students! ↵
You are st
```

11.4.2 改变位置 fseek()函数

fseek()函数可以移动文件位置指针到指定的位置上。

fseek()函数的调用格式如下：

```
int fseek(文件指针,位移量,起始点);
```

其中：

(1) “文件指针”指向被操作的文件。

(2) “位移量”表示移动的字节数，要求位移量是 long 型数据，以便在文件长度大于 64KB 时不会出错。当用常量表示位移量时，要求加后缀 L。“位移量”可以为正或负：若位移量为正整数，文件位置指针向文件末尾的方向移动；若位移量为负整数，则文件位置指针向文件首部的方向移动。

(3) “起始点”表示从何处开始计算位移量。可以用标识符表示，也可以用数字表示。其表示方法如表 11-2 所示。

表 11-2 文件位移标记

起始点	表示符号	数字表示
文件开始	SEEK_SET	0
当前位置	SEEK_CUR	1
文件末尾	SEEK_END	2

(4) 函数的返回值：如果操作成功，返回 0；如果产生错误(如要求的位置不存在)，则返回非零值。

例如：

```
fseek(fp,25L,0);
```

其含义是把文件位置指针移到距离文件开始位置 25 个字节处。

```
fseek(fp,25L,SEEK_CUR);
```

其含义是把文件位置指针移到距离当前位置 25 个字节处。

```
fseek(fp,-50L,2);
```

其含义是把文件位置指针从文件末尾处回移 50 个字节。

还要说明的是，fseek()函数一般用于二进制文件。

在移动位置指针之后，即可用前面介绍的任意一种读写函数进行读写。由于一般是读写一个数据块，因此常用 fread()或 fwrite()函数。

【实例 11-10】 设当前路径下有一个名为 data.dat 的二进制文件，其中连续存放了 20 个整数：1、2、3、…、20，要求读出并显示其中第 1、3、5 个数据：1、3、5。

程序如下：

```
#include<stdio.h>
#include<stdlib.h>
void main()
{
   FILE *fp;
   int k,f;
   if((fp=fopen("data.dat","rb"))= =NULL)
   {
      printf("Can not open this file. \n");
      exit(0);
   }
   for(k=0;k<5;k+=2)
   {
      fseek(fp,(long)(k*sizeof(int)),0);  /* 将文件位置指针指向要读的数据*/
      fread(&f,sizeof(int),1,fp);         /* 从当前位置读取一个整数到 f*/
      printf("%d\n” ",f);}
      fclose(fp);
   }
   system("pause");
}
```

本程序用随机读出的方法读出指定位置的数据。语句“fseek(fp, (long)(k*sizeof(int)),0);”是关键语句，文件指针从文件头(SEEK_SET)开始向后偏移 k*sizeof(int)个字节，随着 k 取到不同的值 0、2、4，文件位置指针定位到不同的位置，fread 函数也就读到了文件中不同位置的数据。其中文件指针的变化如图 11-6 所示。

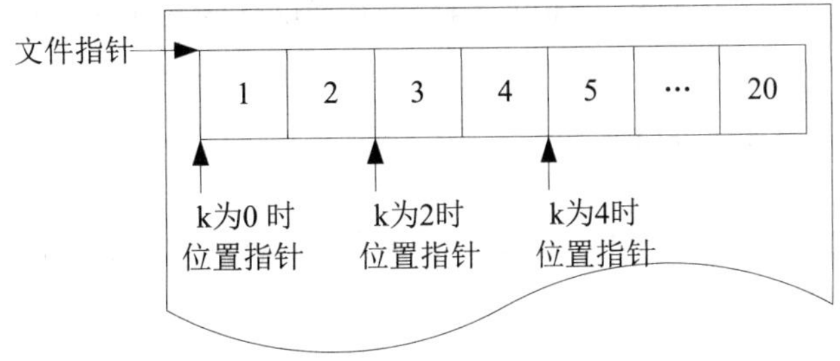

图 11-6　实例 11-10 中文件位置指针的变化

11.4.3　取得当前位置 ftell()函数

由于文件的位置指针经常移动，往往不易弄清其具体位置，用 ftell 函数可以返回位置指针的当前位置。函数的调用格式如下：

```
long ftell(fp);
```

ftell()函数的功能是返回文件位置指针当前相对于文件开头的字节数的位置。当函数调用出错时，返回长整型-1L。

例如：

```
long t;
t=ftell(fp);
```

而且，我们可以通过以下方法来测试一个文件的长度：

```
fseek(fp,0L,2);     /* 把 fp 指向的文件位置指针移到文件末尾*/
t=ftell(fp);        /* 调用 ftell 获得当前相对于文件首的位置，求出文件的总字节数*/
```

11.5　文件出错的检测

在对文件进行操作时，常常需要对操作的正确性做出判断。除了可以利用文件操作函数的返回值判断外，C 语言还提供了以下文件操作检测函数。

11.5.1　函数 ferror()

在调用各种输入输出函数(如 fread、fwrite 等)时，如果出现错误，除了函数返回值有所反映外，还可以用 ferror()函数进行检查。该函数的功能是检测被操作文件最近一次的操作(包括读写、定位等)是否发生错误。格式如下：

```
int ferror(fp);
```

如果 ferror()的返回值为 0 表示未出错，否则表示有错。

提示：ferror 仅反映上一次文件操作的状态，因此必须在执行一次文件操作后、执行下一文件操作前调用 ferror，才可以正确反映此次操作的错误状态。

11.5.2　函数 clearerr()

函数 clearerr()的功能是文件出错复位，清除出错标志和文件结束标志，使它们为 0 值。其调用格式如下：

```
clearerr(文件指针);
```

假设在调用一个输入输出函数时出现错误，则 ferror()函数的返回值为一个非零值。在调用 clearerr(fp)后，ferror(fp)的值变为 0。

【实例 11-11】 ferror( )和 clearerr( )函数的使用举例。

```
#include<stdio.h>
void main()
{
```

```
   FILE *fp;
    fp=fopen("aa.txt", "w");
    getc(fp);                        /*通过试图读文件产生一个出错条件*/
    if(ferror(fp))                   /*检测文件操作错误*/
    {
       printf("Error reading from aa.txt\n");
       clearerr(fp);                     /*进行文件出错复位*/
    }
    fclose(fp);
    system("pause");
}
```

程序运行结果：

```
Error reading from aa.txt
```

11.6　综合应用实例

【实例 11-12】 文件 score.txt 中存有 30 个学生的成绩，将成绩读出后，计算成绩的最大值、最小值及总和。

分析：利用循环将文件中的成绩读取到数组中，然后利用数组计算成绩的最大值、最小值及总和。

程序如下：

```
#include<stdio.h>
#include<stdlib.h>
#define N 30
void main()
{
    FILE *fp;
      int score[N],i,max,min,sum;
      fp=fopen("score.txt", "r");
      if(fp==NULL)
      {
       printf("can not open this file\n");
       exit(0);
      }
      for(i=0;i<N;i++)
      fscanf(fp,"%d",&score[i]);
      fclose(fp);
      max=min=sum=score[0];
      for(i=1;i<N;i++)
    {
       if(max<score[i])max=score[i];
       if(min>score[i])min=score[i];
       sum+=score[i];
    }
     fclose(fp);
```

```
    system("pause");
}
```

【实例 11-13】 从键盘输入 30 个学生的姓名和成绩，排序后将结果写入文件 score.txt 中。

分析：创建一个结构体，包含姓名和成绩；通过循环录入姓名和成绩，排序后，将最终的姓名和成绩写入文件。

程序如下：

```
#include <stdio.h>
#include <stdlib.h>
#include <string.h>
#define N 30                                    /* 定义数据的个数 */
struct stu {                                    /* 定义结构体，包含姓名和成绩 */
    char name[30];
    int grade;
};
void main()
{
   int i,j;
   char t[30];
   struct stu s[N],tmp;                         /* 定义结构体数组 */
   FILE *fp;
   fp=fopen("score.txt","w");
     if(fp==NULL)
      {
        printf("can not open this file\n");
        exit(0);
      }
   for(i=0;i<N;i++)                             /* 录入 30 个姓名和成绩 */
    scanf("%s %d",s[i].name,&s[i].grade);
   for(i=0;i<N-1;i++)                           /* 选择法排序 */
      for(j=i+1;j<N;j++)
       {
          if(s[i].grade <s[j].grade)
            {
               tmp=s[i];                        /* 交换数据 */
               s[i]=s[j];
               s[j]=tmp;
            }
       }
     for(i=0;i<N;i++)                           /* 写入文件  */
        {
           fprintf(fp,"%s %d",s[i].name ,s[i].grade);
           fprintf(fp,"%c",'\n');               /* 每行写入一个换行符 */
        }
     fclose(fp);
    system("pause");
}
```

【实例 11-14】 设有文件 my_file.txt，内有一文字段落，将该段落读取出来，判断该段落的单词个数。

假定文件 my_file.txt 的内容为：

We all stood there under the awning and just inside the door of the Wal-Mart. We all waited, some patiently, others irritated, because nature messed up their hurried day.

I am always mesmerized by rainfall.

分析：判断单词的依据是，当前字符是英文字母，后一个字符或者是空格，或者是“,”或者是“.”。设置两个字符型变量 ch1、ch2，先从文件中读取前两个字符赋予 ch1、ch2，判断 ch1、ch2 是否符合单词的特征，然后将 ch2 的字符赋予 ch1，ch2 再向后读取一个字符，继续判断，直到读取到文件的尾端为止。

程序如下：

```
#include<stdio.h>
#include<stdlib.h>
void main()
{
   FILE *fp;
   char ch1,ch2;
   int count=0;
     fp=fopen("my_file.txt", "r");
     if(fp==NULL)
       {
        printf("can not open file\n");
        exit(0);
      }
   ch1=fgetc(fp);
   ch2=fgetc(fp);
   while(!feof(fp))
     {
       if((ch1>='a'&&ch1<='z'||ch1>='A'&&ch1<='Z')&&(ch2==' '||ch2==','
            ||ch2=='.'))
            count++;
       ch1=ch2;
       ch2=fgetc(fp);
     }
    fclose(fp);
    printf("单词个数：%d\n",count);
    system("pause");
}
```

程序运行结果：

```
单词个数：35
```

【实例 11-15】 设有文件 file.txt，内有若干个单词，从键盘录入一个单词，确定文件中该单词的数量。

假定文件 file.txt 的内容为：

```
blue
green
black
orange
blue
black
```

分析：从键盘录入一个字符串，从文件中依次读取一个字符串，判断两个字符串是否一样，直至文件中的单词全部判断完为止。

程序如下：

```
#include<stdio.h>
#include<string.h>
#include<stdlib.h>
void main()
{
  FILE *fp;
  char word[30],str[30];
  int count=0;
  fp=fopen("file.txt","r");
  if(fp==NULL)
    {
      printf("can not open file.\n");
      exit(0);
    }
   gets(word);                        /* 从键盘录入一个字符串 */
   while(!feof(fp))
     {
     fscanf(fp,"%s",str);             /* 从文件中读取一个字符串 */
     if(strcmp(word,str)==0)         /* 判断两个字符串是否相等 */
         count++;
    }
    fclose(fp);
    printf("count=%d\n",count);
    system("pause");
}
```

程序运行结果：

```
black↵
count=2
```


本 章 小 结

C 语言把文件看作“字节流”，通过文件指针指向这个“字节流”，采用系统提供的函数对文件进行读、写、定位等操作。

对文件操作的步骤是：打开文件、读/写文件和关闭文件。

本章主要介绍的用于文件操作的函数如表 11-3 所示。

表 11-3　常用文件操作相关函数汇总

类别	函数名	常用格式	功　能	返回值
打开	fopen	fp=fopen("f.txt","r");	以指定方式打开指定文件	成功时返回文件指针，否则返回空指针 NULL
关闭	fclose	fclose(fp);	关闭 fp 指向的文件并释放文件缓冲区	成功时返回 0，否则返回 EOF
读写	fgetc	ch=fgetc(fp);	从 fp 指向的文件中读取一个字符	成功时返回所得字符，否则返回 EOF
	fputc	fputc(ch,fp);	将字符 ch 输出到 fp 指向的文件中	成功时返回该字符，否则返回 EOF
	fgets	fgets(str,n,fp);	从 fp 指向的文件中读取一个长度为 n−1 的字符串，存入起始地址为 str 的空间	成功时返回地址 str，遇文件结束或出错返回 NULL
	fputs	fputs(str,fp);	将 str 指向的字符串输出到 fp 指向的文件中	成功时返回非负值，否则返回 EOF
	fscanf	fscanf(fp, "%d",&a);	从 fp 指向的文件中读入一个整数存放在变量 a 中	成功时返回已读入数据个数，否则返回 EOF
	fprintf	fprintf(fp, "%d",a);	把变量 a 的值以“%d”格式输出到 fp 指向的文件	成功时返回实际输出的字符数；失败时返回负值
	fread	fread(arr,4,2,fp);	从 fp 指向的文件中读取长度为 4 的 2 个数据项，存放在起始地址为 arr 的空间	返回成功读取的数据个数
	fwrite	fwrite(arr,4,2,fp);	把 arr 所指向的 2×4 个字节输出到 fp 指向的文件中	返回成功写入文件中的数据项个数
定位	fseek	fseek(fp,15L,0);	将位置指针移到离文件开头 15 字节处	成功时返回 0，否则返回非 0 值
	rewind	rewind(fp);	将位置指针移到文件开头	无
	ftell	ftell(fp);	得到位置指针的当前位置	成功时返回该地址，否则返回−1L
状态	feof	feof(fp);	检查 fp 指向的文件是否结束	遇文件结束返回非 0 值，否则返回 0
	ferror	ferror(fp);	测试 fp 指向的文件是否有错	没有错返回 0，有错返回非 0 值
	clearerr	clearerr(fp);	清除 fp 指向文件的错误标志，同时清除文件结束指示器	无

使用文件时需要注意的问题如下。

(1) 在定义文件指针时，要注意 FILE 必须用大写字母，不能使用小写字母，否则编译时将出错。

(2) 掌握文本文件和二进制文件的处理方法和应用。掌握文件的打开、关闭、输入/输出等基本操作。在使用时要注意文本文件和二进制文件所采用的不同的读写方式，不要混淆。对于文本文件或二进制文件不同的读写方式会有不同的结果，在使用时一定要清楚所编程序应采用的读写方式。

习　题

一、选择题

1. 在 C 语言中，使用文件的一般步骤是(　　)。
   A. 打开文件，操作文件
   B. 操作文件，关闭文件
   C. 打开文件，操作文件，关闭文件
   D. 直接操作文件
2. 若要将 text.txt 文件打开用于追加信息，则以下格式正确的是(　　)。
   A. fp=fopen("text.txt", "r");　　B. fp=fopen("text.txt", "r+");
   C. fp=fopen("text.txt", "a+");　　D. fp=fopen("text.txt", "w");
3. 当使用 fopen( )不能正确打开指定文件时，函数的返回值是(　　)。
   A. 空指针　　B. FALSE　　C. 非 0 值　　D. 不定值
4. fseek 函数可以实现的操作是(　　)。
   A. 文件的随机读操作　　B. 文件的随机写操作
   C. 改变文件指针的位置　　D. 改变文件位置指针的位置
5. 以“只读”方式打开文本文件 c:\aa.dat，下列语句中正确的是(　　)。
   A. fp=fopen("c:\\aa.dat", "ab");
   B. fp=fopen("c:\\aa.dat", "a");
   C. fp=fopen("c:\\aa.dat", "wb");
   D. fp=fopen("c:\\aa.dat", "r");
6. fread(f,4,2,fp)读取数据块成功的返回值是(　　)。
   A. 4　　B. 2　　C. 0　　D. 1
7. 将 fp 所指文件的位置指针从当前位置向前移动 60 个字节，应使用语句(　　)。
   A. fseek(fp,60L,1);　　B. fseek(fp,60L,0);
   C. fseek(fP,60L,2);　　D. seek(fp,60L,3);
8. 系统的标准输入文件是(　　)。
   A. 键盘　　B. 显示器　　C. 软盘　　D. 硬盘
9. fscanf()函数的正确调用形式是(　　)。
   A. fscanf(格式字符串,输入项地址表,fp);
   B. fscanf(fP,格式字符串,输入项地址表);

C. fscanf(格式字符串,文件指针,输入项地址表);

D. fscanf(文件指针,格式字符串,输出项表);

10. fP 是指向某文件的指针，且已读到文件的末尾，则表达式 feof(fp)正确的返回值是(　　)。

A. NULL　　B. 0　　C. 非零值　　D. EOF

二、填空题

1. 在 C 语言中，文本文件在内存中以____方式存储，二进制文件在内存中以____方式存储。

2. 文件打开方式为“r+”，文件打开后，文件读写位置在_____。

3. 函数 fread()的返回值为所读入数据的_____。

4. 函数 rewind()的作用是_____。

5. 文件类型是在头文件______中定义的一种结构体类型，文件指针是指向_____的指针。

6. 将一个整型数组 a 存放到文件中，然后从文件中读取数据到数组 b 中并显示。

```
#include<stdio.h>
#include<stdlib.h>
void main()
{
  FILE ____①____ ;
  int i,b[10],a[10]={0,1,2,3,4,5,6,7,8,9};
  fp=fopen("d:\\wang", ____②____ );     /*以写的方式打开二进制文件*/
  if(fp==NULL)
   {
      printf("cannot open file");
      exit(1);
   }
 fwrite(____③____,sizeof(int),10,fp);  /*将数组 a 的 10 个整数写入文件中*/
 fclose(fp);
 fp=fopen("d:\\wang", "rb"); /*以读的方式打开二进制文件*/
 if(fp==NULL)
  {
     printf("cannot open file");
     exit(1);
  }
  fread(b,sizeof(int),10,fp);/*从文件中读取 10 个整数到数组 b 中*/
  fclose(fp);
  for(i=0;i<10;i++)
    printf("%d",b[i]);
  system("pause");
}
```

三、改错题

在每一行“/********ERROR*******/”的下方都有一处错误，请予以更正，程序的其他部分不得改动。

1. 从键盘上输入一个整数，判断其是否是素数，若是，则将结果写入文件 file1.txt 中。

```
#include<stdio.h>
#include<stdlib.h>
int prime(int num)
{
  int i;
  for(i=2;i<num;i++)
  if(num%i==0)
      return 0;
   return 1;
}
void main( )
{
  int num;
  FILE *fp;
/*********************ERROR*******************/
 if((fp=fopen("c:\\file1.txt", "r"))==NULL)
  {
    printf("cannot open file");
    exit(1);
  }
  scanf("%d",&num);
/*********************ERROR*******************/
  if(prime(num)==1)
   fwrite("%d",num);
  fclose();
  system("pause");
}
```

2. 从键盘上输入一字符串，将其中的字母字符输出到一个磁盘文件 test 中保存。输入的字符串以“!”结束。

```
#include<stdio.h>
#include<stdlib.h>
void main( )
{
  FILE *fp;
  char ch;
  char filename[15];
/*********************ERROR*******************/
  scanf("%c",filename);
  if((fp=fopen(filename, "w"))= =NULL)
  {
    printf("Cannot open error\n");
    exit(0);
  }
/*********************ERROR*******************/
   while((ch= getchar())=='!')
     if(ch>='A'&&ch<='Z'|| ch>='a'&&ch<='z')
/*********************ERROR*******************/
```

```
        fputs(ch,fp);
    fclose(fp);
    system("pause");
}
```

四、编程题

1. 从键盘输入一个字符串，将其小写字母转换为大写字母后，保存到文本文件 text.txt 中。

2. 文本文件 file.txt 中有 30 个学生的成绩，将其读取出来后，按升序排序，5 个一行显示在屏幕上。

3. 文本文件 file.txt 中有一字符串，将其读取出来，判断其中包含的字母、数字和空格字符的个数。

4. 通过键盘录入 10 个职工信息，每个职工的数据包括职工姓名、性别、工资。现要求将职工姓名、工资的信息读取出来并存放在另一个文件中。

第 12 章
位　运　算

【本章要点】

- 按位进行的各种运算
- 按位进行的各种复合运算

【学习目标】

- 理解位运算的概念
- 掌握各种位运算：位移、与、或、非及复合

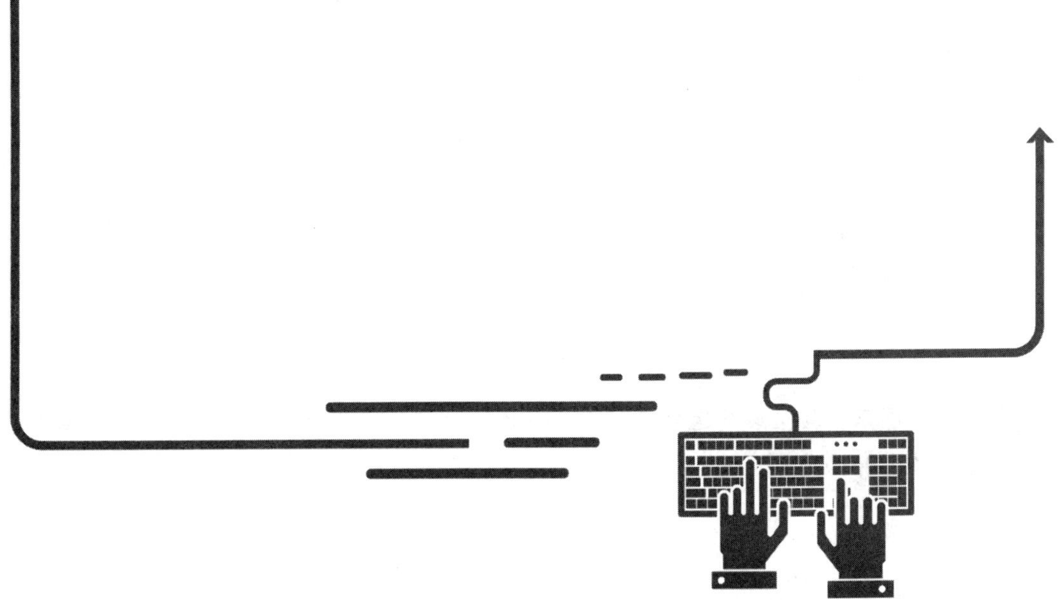

C 语言不仅具有高级计算机语言的优点，还有低级计算机语言的特色，即支持位运算，因此它被广泛用于开发系统软件和应用软件。位运算是针对二进制位进行的运算，主要应用于系统程序或控制程序的设计。C 语言的位运算主要包括按位与、按位或、按位异或、按位取反和位移等。表 12-1 列出了位运算的运算符号及其含义。

表 12-1　位运算符及其含义

运算符	含　义	类　型	优先级	结合性
~	按位取反	单目	高	从右向左
&	按位与	双目		从左向右
^	按位异或	双目		从左向右
|	按位或	双目		从左向右
<<，>>	左移位、右移位	双目		从左向右
<<=、>>=、&=、^=、|=	左移后赋值、右移后赋值、按位与后赋值、按位异或后赋值、按位或后赋值		低	从右向左

12.1　按位取反运算

按位取反运算是单目运算，用来对一个二进制数按位取反，即将 0 变为 1，1 变为 0。

【实例 12-1】 假设字符型变量 ch 中存放的是字符‘C’，对 ch 进行按位取反的运算。

分析：字符‘C’的 ASCII 码值为 67，对应的二进制为 01000011，则按位取反的运算过程为：

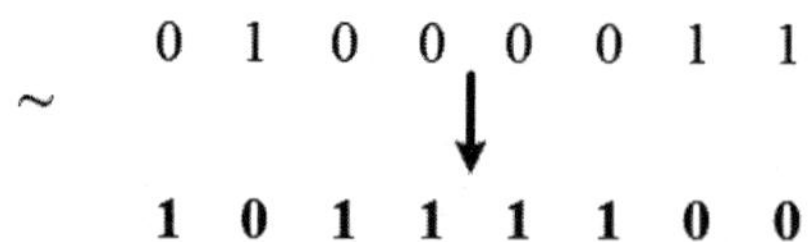

按位取反的二进制结果为：10111100，十进制整数为-68。

程序如下：

```
#include <stdio.h>
void main()
{
    char ch='C';
    printf("%d\n",~ch);
    system("pause");
}
```

提示：按位取反运算遵循右结合性，它的优先级比算术运算、关系运算和其他运算都高。

12.2　按位与运算

按位与运算是双目运算，参与运算的是两个二进制形式的数据，按位进行与操作。按位与运算的规则如表 12-2 所示。

表 12-2　按位与运算规则

位 1	位 2	表达式	运算结果
1	1	1&1	1
1	0	1&0	0
0	1	0&1	0
0	0	0&0	0

从表 12-2 可以看出，只有两个二进制位都是 1 时，与运算的结果才为 1，其余均是 0。

【实例 12-2】 整型变量 a 和 b 中存放的数据分别是 3 和 5，请对这两个数据进行按位与运算。

分析：对 a 和 b 进行按位与运算，具体运算过程如下：

```
    0 0 0 0 0 0 1 1   (3)
&   0 0 0 0 0 1 0 1   (5)
-----------------------------
    0 0 0 0 0 0 0 1   (1)
```

程序如下：

```
#include <stdio.h>
void main()
{
    int a=3,b=5,c;
    c=a&b;                              /* a与b按位与运算 */
    printf("c=%d\n",c);
    system("pause");
}
```

按位与运算通常用于处理如下问题。

1. 清零

对于任何整型变量 a，a&0 的结果总是 0。

【实例 12-3】 利用按位与运算将某一整型变量清零。

```
#include <stdio.h>
void main()
{
    int a=13,c;
    c=a&0;                              /* a与0按位与运算 */
    printf("c=%d\n",c);
```

```
    system("pause");
}
```

2. 获取整数的高位值或低位值

例如：对于整型变量 a，与 255 通过按位与运算可以获取 a 的低位字节值；与 65280 通过按位与运算可以获取 a 的高位字节值。

【实例 12-4】 利用按位与运算获取整型变量的低位字节值。

```
#include<stdio.h>
void main()
{
        int a=25914,c;
        c=a&255;
        printf("c=%d\n",c);
        system("pause");
}
```

程序运行结果：58

分析：a=$(25914)_{10}$=0110 0101（高位字节） 0011 1010（低位字节），b=$(255)_{10}$=0000 0000 1111 1111

即 a&b=$(0000\ 0000\ 0011\ 1010)_2$=$(58)_{10}$，正好是 a 的低位字节的值。

```
    0 1 1 0 0 1 0 1 0 0 1 1 1 0 1 0   (25914)
&   0 0 0 0 0 0 0 0 1 1 1 1 1 1 1 1   (255)
                    ↓ ↓ ↓ ↓ ↓ ↓ ↓ ↓
-------------------------------------------
    0 1 1 0 0 1 0 1 0 0 1 1 1 0 1 0   (58)
```

【实例 12-5】 利用按位与运算获取整型变量的高位字节值。

```
#include<stdio.h>
void main()
{
        int a=25914,c;
        c=a&65280;
        printf("c=%d\n",c);
        system("pause");
}
```

程序运行结果：25856

分析：b=$(65280)_{10}$1111 1111（高位字节） 0000 0000（低位字节），a&b=(0110010100000000)，正好是 a 的高位字节的值。

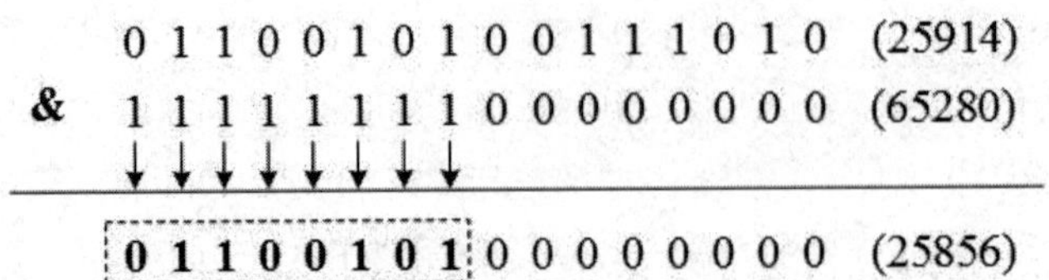

3. 获取整数中指定位的值

基本方法是：将需要保留的位用 1 与之作按位与运算，其他不需要保留的位用 0 与之按位与运算。

【实例 12-6】 利用按位与运算获取整型变量 a 的 3、4、5、6 位。

```
int a=84;
```

分析：对 a 按位与运算提取它的 3、4、5、6 位，具体运算过程如下：

```
    0 1 0 1 0 1 0 0   (84)
&   0 0 1 1 1 1 0 0   (60)
------------------------------
    0 0 0 1 0 1 0 0   (20)
```

程序如下：

```
#include <stdio.h>
void main()
{
    int a=84,b=60,c;              /* 定义无符号整型变量 a,b,c */
    c=a&b;                        /* a 与 b 按位与运算 */
    printf("c=%x",c);
   system("pause");
}
```

程序运行结果：20。

12.3　按位或运算

按位或运算是对两个二进制位进行的或操作。二进制位或操作的基本规则如表 12-3 所示。

表 12-3　按位或运算规则

位 1	位 2	表达式	运算结果
1	1	1|1	1
1	0	1|0	1
0	1	0|1	1
0	0	0|0	0

从表 12-3 可知，只有两个二进制位都是 0 时，或运算的结果才为 0，其余均是 1。

【实例 12-7】 将整型变量 a 和 b 进行按位或运算。

```
int a=73,b=21,c;
c=a|b;
```

分析：$a=(73)_{10}=(0000\ 0000\ 0100\ 1001)_2$，$b=(21)_{10}=(0000\ 0000\ 0001\ 0101)_2$，按位或运算

的过程如下：

```
      0  1  0  0  1  0  0  1    (73)
|     0  0  0  1  0  1  0  1    (21)
-----------------------------------
      0  1  0  1  1  1  0  1    (93)
```

程序如下：

```
#include <stdio.h>
void main()
{
    unsigned int a=73,b=21,c;        /*  定义无符号整型变量 a,b,c  */
    c=a|b;                           /*  a 与 b 按位或运算  */
    printf("c=%d\n",c);
    system("pause");
}
```

按位或运算可用于如下情况：对于一个数，如果希望将它的某些位设置为 1，可以使用按位或运算。

例如，如果要将整型变量 a 的低 4 位全置为 1，其他位的值不变，则进行如下操作：

```
a 的值：     x  x  x  x  x  x  x  x
b 的值：  |  0  0  0  0  1  1  1  1
                         ↓  ↓  ↓  ↓
——— ——— ——— ——— ——— ——— ——— ———
             x  x  x  x  1  1  1  1
```

12.4　按位异或运算

按位异或运算是对两个二进制位的异或操作。异或操作的基本规则如表 12-4 所示。

表 12-4　按位异或运算规则

位 1	位 2	表达式	运算结果
1	1	1^1	0
1	0	1^0	1
0	1	0^1	1
0	0	0^0	0

从表 12-4 可知，当两个二进制位的值相同时，异或运算的结果为 0，否则结果为 1。

【实例 12-8】 将整型变量 a 和 b 进行按位异或运算。

```
int a=73,b=21,c;
c=a^b;
```

分析：a=$(73)_{10}$=$(0000\ 0000\ 0100\ 1001)_2$，b=$(21)_{10}$=$(0000\ 0000\ 0001\ 0101)_2$，按位异或运

算的过程如下：

	0	1	0	0	1	0	0	1	(73)
^	0	0	0	1	0	1	0	1	(21)
	0	1	0	1	1	1	0	0	(92)

程序如下：

```
#include <stdio.h>
void main()
{
    int a=73,b=21,c;                    /*  定义无符号整型变量 a,b,c  */
    c=a^b;                              /*  a 与 b 按位异或运算  */
    printf("c=%d\n",c);
    system("pause");
}
```

利用按位异或运算可以让一个数的特定位反转。

【实例 12-9】 将整型变量 a 的低 4 位进行反转。

```
int a=73,b=15,c;
c=a ^ b;
```

分析：$a=(73)_{10}=(0000\ 0000\ 0100\ 1001)_2$，$b=(15)_{10}=(0000\ 0000\ 0000\ 1111)_2$，按位异或运算的过程如下：

	0	1	0	0	1	0	0	1	(73)
^	0	0	0	0	1	1	1	1	(15)
					↓	↓	↓	↓	
	0	1	0	0	**0**	**1**	**1**	**0**	(70)

程序如下：

```
#include <stdio.h>
void main()
{
    int a=73,b=15,c;            /* 定义无符号整型变量 a,b,c */
    c=a^b;                      /* a 与 b 按位异或运算 */
    printf("c=%d\n",c);
    system("pause");
}
```

12.5　按位左移运算

按位左移运算是将一个二进制数据向左移动位置，向左移动的位数由左移运算符右侧的数值决定。若高位左移后溢出，则会在低位补 0。

【实例 12-10】 假设整型变量 a 中存放的数据是 0x16(十六进制)，请对这个数据左移 3 位。

```
int a=22;
a=a<<3;
```

分析：$a=(22)_{10}=(0000\ 0000\ 0001\ 0110)_2$，按位左移 3 位运算，则 a 的左侧 3 位溢出，右侧补 3 位 0。具体运算过程如下：

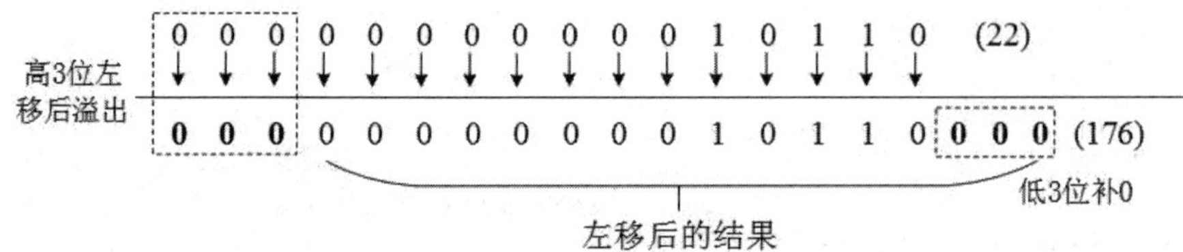

程序如下：

```
#include <stdio.h>
void main()
{
    int a=22;                    /* 定义无符号整型变量 a */
    a=a<<3;                      /*  a 左移 3 位 */
    printf("a=%d\n",a);
    system("pause");
}
```

12.6 按位右移运算

按位右移运算是将一个二进制数据向右移动位置，向右移动的位数由右移运算符右侧的数值决定。对于无符号数，右移后高位补 0；对于有符号数，正数右移后高位补 0，负数右移后高位补 1。

【实例 12-11】 整型变量 a 进行右移 4 位运算。

```
int a=359;
a=a>>4;
```

分析：对 a 进行按位右移运算，具体运算过程如下：

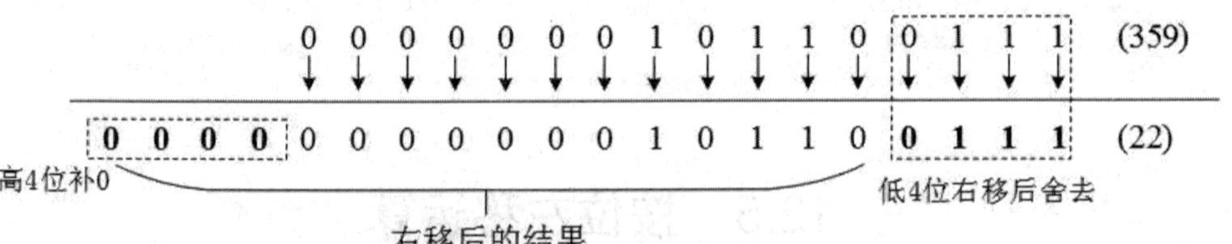

程序如下：

```
#include <stdio.h>
void main()
```

```
{
    int a=359;                        /* 定义无符号整型变量 a */
    a=a>>4;                           /*  a 右移 4 位 */
    printf("a=%d\n",a);
    system("pause");
}
```

12.7 复合位运算符

复合位运算如同复合算术运算一样，可以完成较为复杂的位运算。复合位运算主要是将各种位运算符与赋值运算符“=”组合在一起形成的，如位移运算(<<、>>)和与(&)、或(|)、非(~)。

【实例 12-12】 位运算的复合赋值运算符应用举例。

```
#include <stdio.h>
void main()
{
    int a=9,b=9,c=9,d=9,e=9;
    a<<=1;                          /* 等价于 a=a<<1; */
    b>>=1;                          /* 等价于 b=b>>1; */
    c&=5;                           /* 等价于 c=c&5; */
    d|=5;                           /* 等价于 d=d|5; */
    e^=5;                           /* 等价于 e=e^5; */
    printf("%d, %d, %d, %d, %d ",a,b,c,d,e);
    system("pause");
}
```

程序运行结果:

```
18,4,1,13,12
```

本程序中的复合位运算表达式的运算过程与+=、*=、-=、/=、%=相同。

提示：不同类型的数据(如整型和字符型)进行按位运算时，系统会按如下原则进行转换：两个运算数据按低位对齐；给位数少的左补 0 或 1，其中正数或无符号数补 0，负数补 1。

本 章 小 结

C 语言中的位运算是对二进制数据按位进行的运算，主要有按位与、按位或、按位非、按位异或、按位移位等位运算。参与位运算的数据一般为整型或字符型数据。位运算在许多程序设计的某些场合非常有用，而且还便于硬件实现。

习　　题

选择题

1. 以下运算符中优先级最低的是(　　)，优先级最高的是(　　)。

   A. &&　　B. &　　C. ||　　D. |

2. 若有运算符 sizeof、<<、^、&=，则它们按优先级由高到低的正确排列次序是(　　)。

   A. sizeof，&=，<<，^　　B. sizeof，<<，^，&=

   C. ^，<<，sizeof，&=　　D. <<，^，&=，sizeof

3. 在 C 语言中，要求运算数必须是整型或字符型的运算符是(　　)。

   A. &&　　B. &　　C. !　　D. ||

4. 表达式 0x13&0x17 的值是(　　)。

   A. 0x17　　B. 0x13　　C. 0xf8　　D. 0xec

5. 若 x=2，y=3，则 x&y 的结果是(　　)。

   A. 0　　B. 2　　C. 3　　D. 5

6. 表达式 0x13|0x17 的值是(　　)。

   A. 0x03　　B. 0x17　　C. 0xE8　　D. 0xc8

7. 若 a=1，b=2，则 a|b 的值是(　　)。

   A. 0　　B. 1　　C. 2　　D. 3

8. 若有以下程序段，则执行后 x 和 y 的值分别是(　　)。

```
int x=1,y=2;
x=x^y;
y=y^x;
x=x^y;
```

   A. x=1，y=2　　B. x=2，y=2　　C. x=2，y=1　　D. x=1，y=1

9. 表达式 0x13^0x17 的值是(　　)。

   A. 0x04　　B. 0x13　　C. 0xE8　　D. 0x17

10. 表达式~0x16 的值是(　　)。

    A. 0xE9　　B. 0xFF71　　C. 0xFF68　　D. 0xFF17

11. 在位运算中，操作数每右移一位，其结果相当于(　　)。

    A. 操作数乘以 2　　B. 操作数除以 2

    C. 操作数除以 4　　D. 操作数乘以 4

12. 在位运算中，操作数每左移一位，其结果相当于(　　)。

    A. 操作数乘以 2　　B. 操作数除以 2

    C. 操作数除以 4　　D. 操作数乘以 4

13. 设有以下语句，则 z 的二进制值是(　　)。

```
char x=3,y=6,z;
z=x^y<<2;
```

A. 00010100　　B. 00011011　　C. 00011100　　D. 00011000

14. 以下程序的运行结果是(　　)。

```
#include<stdio.h>
void main( )
{
    unsigned int a,b,c;
    a=0x3; b=a|0x8; c=b<<1;
    printf("%d%d",b,c);
    system("pause");
}
```

A. −11 12　　B. −6 −13　　C. 12 24　　D. 11 22

15. 以下程序的运行结果是(　　)。

```
#include<stdio.h>
void main( )
{
    int x=040;
    printf("%o",x<<1);
    system("pause");
}
```

A. 100　　B. 80　　C. 64　　D. 32

16. 整型变量 x 和 y 的值相等、且为非 0 值，则以下选项中结果为零的表达式是(　　)。

A. x || y　　B. x | y　　C. x & y　　D. x ^ y

17. 以下程序的运行结果是(　　)。

```
#include<stdio.h>
void main( )
{
    int x=0.5;
    char z='a';
    printf("%d", (x&1)&&(z<'z'));
    system("pause");
}
```

A. 0　　B. 1　　C. 2　　D. 3

18. 设 int b=2，则表达式(b>>2)/(b>>1)的值是(　　)。

A. 0　　B. 2　　C. 4　　D. 8

19. 以下程序的运行结果是(　　)。

```
#include<stdio.h>
void main( )
{
    char x=040;
```

```
    printf("%d",x>>1);
    system("pause");
}
```

A. 100　　B. 160　　C. 64　　D. 16

20. 执行下面的程序段后，b 的值为(　　)。

```
int x=35;
char z='A';
int b;
b=((x&15)&&(z< 'a'));
```

A. 0　　B. 1　　C. 2　　D. 3

附录 A　C 语言关键字

由 ANSI 标准定义的 C 语言关键字共 32 个：

auto、double、int、struct、break、else、long、switch、case、enum、register、typedef、char、extern、return、union、const、float、short、unsigned、continue、for、signed、void、default、goto、sizeof、volatile、do、if、while、static。

根据关键字的作用，可以将关键字分为数据类型关键字和流程控制关键字两大类。

A.1　数据类型关键字

1. 基本数据类型(5 个)

名　称	含　义
void	声明函数无返回值或无参数，声明无类型指针，显式丢弃运算结果
char	字符型类型数据，属于整型数据的一种
int	整型数据，通常为编译器指定的机器字长
float	单精度浮点型数据，属于浮点数据的一种
double	双精度浮点型数据，属于浮点数据的一种

2. 类型修饰关键字(4 个)

名　称	含　义
short	修饰 int，短整型数据，可省略被修饰的 int
long	修饰 int，长整形数据，可省略被修饰的 int
signed	修饰整型数据，有符号数据类型
unsigned	修饰整型数据，无符号数据类型

3. 复杂类型关键字(5 个)

名　称	含　义
struct	结构体声明
union	共用体声明
enum	枚举声明
typedef	声明类型别名
sizeof	得到特定类型或特定类型变量的大小

4．存储级别关键字(6 个)

名　称	含　义
auto	指定为自动变量，由编译器自动分配及释放，通常在栈上分配
static	指定为静态变量，分配在静态变量区，修饰函数时，指定函数作用域为文件内部
register	指定为寄存器变量，建议编译器将变量存储到寄存器中使用，也可以修饰函数形参，建议编译器通过寄存器而不是堆栈传递参数
extern	指定对应变量为外部变量，即在另外的目标文件中定义
const	指定变量不可被当前线程/进程改变(但有可能被系统或其他线程/进程改变)
volatile	指定变量的值有可能会被系统或其他进程/线程改变，强制编译器每次从内存中取得该变量的值

A.2　流程控制关键字

1．跳转结构(4 个)

名　称	含　义
return	用在函数体中，返回特定值(或者是 void 值，即不返回值)
continue	结束当前循环，开始下一轮循环
break	跳出当前循环或 switch 结构
goto	无条件跳转语句

2．分支结构(5 个)

名　称	含　义
if	条件语句
else	条件语句否定分支(与 if 连用)
switch	开关语句(多重分支语句)
case	开关语句中的分支标记
default	开关语句中的“其他”分支，可选

3．循环结构(3 个)

名　称	含　义
for	for 循环语句
do	do 循环语句
while	while 循环语句

附录 B　ASCII 码表

ASCII 值	控制字符	ASCII 值	控制字符	ASCII 值	控制字符	ASCII 值	控制字符
0	NUT	32	(space)	64	@	96	、
1	SOH	33	!	65	A	97	a
2	STX	34	”	66	B	98	b
3	ETX	35	#	67	C	99	c
4	EOT	36	$	68	D	100	d
5	ENQ	37	%	69	E	101	e
6	ACK	38	&	70	F	102	f
7	BEL	39	,	71	G	103	g
8	BS	40	(	7	H	104	h
9	HT	41	)	73	I	105	i
10	LF	42	*	74	J	106	j
11	VT	43	+	75	K	107	k
12	FF	44	,	76	L	108	l
13	CR	45	-	77	M	109	m
14	SO	46	.	78	N	110	n
15	SI	47	/	79	O	111	o
16	DLE	48	0	80	P	112	p
17	DCI	49	1	81	Q	113	q
18	DC2	50	2	82	R	114	r
19	DC3	51	3	83	X	115	s
20	DC4	52	4	84	T	116	t
21	NAK	53	5	85	U	117	u
22	SYN	54	6	86	V	118	v
23	TB	55	7	87	W	119	w
24	CAN	56	8	88	X	120	x
25	EM	57	9	89	Y	121	y
26	SUB	58	:	90	Z	122	z
27	ESC	59	;	91	[	123	{
28	FS	60	<	92	\	124	|
29	GS	61	=	93	]	125	}
30	RS	62	>	94	^	126	~
31	US	63	?	95	_	127	DEL

附录 C　常用库函数

C.1　数学函数

使用数学函数时，应该在源程序文件中包含头文件 math.h。

函数名	函数原型	功　能	返 回 值	说　明
abs	int abs(int i)	求 i 的绝对值	计算结果	
acos	double　acos(double x)	计算 $\cos^{-1}(x)$的值	计算结果	x 位于－1～1 之间
asin	double　asin(double x)	计算 $\sin^{-1}(x)$的值	计算结果	x 位于－1～1 之间
atan	double　atan(double x)	计算 $\tan^{-1}(x)$的值	计算结果	
atan2	double atan2(double y,double x)	计算 $\tan^{-1}(x/y)$的值	计算结果	
cos	double　cos(double x)	计算 cos(x)的值	计算结果	x 的单位为弧度
cosh	double　cosh(double x)	计算 cosh(x)的值	计算结果	
ceil	double　ceil(double x)	返回不小于 x 的最小整数	计算结果	
exp	double　exp(double x)	求 e^x 的值	计算结果	
fabs	double　fabs(double x)	求 x 的绝对值	计算结果	
floor	double floor(double x)	求不大于 x 的最大整数	该整数的双精度实数	
fmod	double　fmod(double x,double y)	求 x/y 的余数	返回余数的双精度数	
frexp	double　frexp(double value,int *eptr)	返回 value=x*2^n 中 x 的值，n 存储在 eptr 中	返回数字部分 x，0.5≤x<1	
log	double　log(double x)	计算 $\log_e{}^x$ 的值，即 lnx	计算结果	
log10	double　log10(double x)	计算 $\log_{10}{}^x$ 的值	计算结果	
modf	double modf(double value,double *iptr)	将双精度数 value 分解成尾数和阶	val 的小数部分	
pow	double　pow(double x,double y)	返回 x^y 的值	计算结果	
rand()	int　rand(void)	产生-90～32767 间的随机整数	随机整数	

续表

函数名	函数原型	功　能	返 回 值	说　明
sin	double sin(double x)	计算 sin(x)的值	计算结果	x 的单位为弧度
sinh	double sinh(double x)	计算 sinh(x)的值	计算结果	
sqrt	double sqrt(double x)	计算 $\sqrt{x}$ 的值	计算结果	x≥0
tan	double tan(double x)	计算 tan(x)的值	计算结果	x 的单位为弧度
tanh	double tanh(double x)	计算 tanh(x)的值	计算结果	

C.2　字符函数

ANSI C 标准要求在使用字符函数时，应该在源程序文件中包含头文件 ctype.h。

函数名	函数原型	功　能	返 回 值
isascii	int isascii(int ch)	检查 ch 是否是字符(ASCII 码中的 0～127)	是，返回 1 否，返回 0
isalnum	int isalnum(int ch)	检查 ch 是否是字母或数字	是，返回 1 否，返回 0
isalpha	int isalpha(int ch)	检查 ch 是否是字母	是，返回 1 否，返回 0
iscntrl	int iscntrl(int ch)	检查 ch 是否是控制字符(ASCII 值介于 0～31 之间)	是，返回 1 否，返回 0
isdigit	int isdigit(int ch)	检查 ch 是否是数字	是，返回 1 否，返回 0
isgraph	int isgraph(int ch)	检查 ch 是否是可打印字符，不包括空格	是，返回 1 否，返回 0
islower	int islower(int ch)	检查 ch 是否是小写字母	是，返回 1 否，返回 0
isprint	int isprint(int ch)	检查 ch 是否是可打印字符，包括空格	是，返回 1 否，返回 0
ispunct	int ispunct(int ch)	检查 ch 是否是标点符号(不包括空格)	是，返回 1 否，返回 0
isspace	int isspace(int ch)	检查 ch 是否是空格、水平制表符、回车符、走纸换行符、垂直制表符、换行符	是，返回 1 否，返回 0
isupper	int isupper(int ch)	检查 ch 是否是大写字母	是，返回 1 否，返回 0
isxdigit	int isxdigit(int ch)	检查 ch 是否是 16 进制数	是，返回 1 否，返回 0

续表

函数名	函数原型	功 能	返 回 值
tolower	int tolower(int ch)	将 ch 字符转换为小写字母	若 ch 为大写字母，转换为小写字母；否则原样返回
toupper	int toupper(int ch)	将 ch 字符转换为大写字母	若 ch 为小写字母，转换为大写字母；否则原样返回

C.3 字符串函数

在使用字符串处理函数时，应该在源程序文件中包含头文件 string.h。

函数名	函数原型	功能	返回值
strcat	char *strcat(char *str1, char *str2)	将字符串 str2 添加到 str1	str1
strchr	char *strchr(char *str,int ch)	找出并返回在字符串 str 中第一次出现字符 ch 的位置	返回指向该位置的指针，若找不到，返回空指针
strcmp	int strcmp(char *str1, char *str2)	比较字符串 str1 与 str2 的大小	str1<str2，返回负数 str1>str2，返回正数 str1=str2，返回 0
stpcpy	char *stpcpy(char *str1, char *str2)	将字符串 str2 复制到 str1	返回 str1
strlen	unsigned int strlen(char *str)	求字符串 str 的长度	返回 str 中的字符个数(不包括“\0”)
strstr	char *strstr(char *str1,char *str2)	找出 str2 字符串在 str1 字符串中第一次出现的位置(不包括 str2 的串结束符)	返回该位置的指针，若找不到，返回空指针

C.4 输入输出函数

在使用输入输出函数时，应该在源程序文件中包含头文件 stdio.h。

函数名	函数原型	功 能	返 回 值
close	int close(int handle)	关闭 handle 所表示的文件处理	成功返回 0，否则返回-1
eof	int eof(int *handle)	检查文件是否结束	结束返回 1，否则返回 0
fclose	int fclose(FILE *stream)	关闭一个流，可以是文件或设备(例如 LPT1)	若成功，返回 0，否则返回非 EOF

续表

函数名	函数原型	功 能	返 回 值
fgetc	int fgetc(FILE *stream)	从流 stream 处读一个字符	返回所得到的字符，若读入出错，返回 EOF
fgets	char *fgets(char *string,int n,FILE *stream)	从流 stream 中读 n 个字符存入 string 中	返回地址 buf，若遇文件结束或出错，返回 NULL
fopen	FILE *fopen(char *filename, char *type)	打开一个文件 filename,打开方式为 type	若成功，返回文件指针(文件信息区的起始地址)，否则返回 0
fputc	int fputc(int ch,FILE *stream)	将字符 ch 写入流 stream 中	若成功，返回该字符，否则返回 EOF
fputs	int fputs(char *string,FILE *stream)	将字符串 string 写入流 stream 中	若成功，返回 0，否则返回非零值
fread	int fread(void *ptr,int size, int nitems,FILE *stream)	从流 stream 中读入 nitems 个长度为 size 的字符串存入 ptr 中	返回所读的数据个数，若遇文件结束或出错，返回 0
fseek	int fseek(FILE *stream,long offset,int fromwhere)	函数把文件指针移到 fromwhere 所指位置的向后 offset 个字节处	若成功，返回当前位置，否则返回-1
ftell	long ftell(FILE *stream)	函数返回定位在 stream 中的当前文件指针位置,以字节表示	返回 fp 指向的文件中的读写位置
fwrite	int fwrite(void *ptr,int size, int nitems,FILE *stream)	向流 stream 中写入 nitems 个长度为 size 的字符串，字符串在 ptr 中	写到文件中的数据项的个数
getc	int getc(FILE *stream)	从流 stream 中读一个字符，并返回这个字符	返回所读的字符，若文件结束或出错，返回 EOF
getchar()	int getchar()	从控制台(键盘)读一个字符，显示在屏幕上	返回所读的字符，若文件结束或出错，返回 EOF
getw	int getw(FILE *stream)	从流 stream 读入一个整数	返回所读的整数，若文件结束或出错，返回-1
printf	int printf(char *format [,argument,…])	发送格式化字符串输出给控制台(显示器)，使用 BIOS 进行输出	返回输出字符的个数，若出错，返回一个负数
putc	int putc(int ch,FILE *stream)	向流 stream 写入一个字符 ch	若成功，将字符 ch 输出到 fp 所指的文件。若出错，返回 EOF
putchar()	int putchar()	向控制台(键盘)写一个字符	若成功，将字符输出到标准设备。若出错，返回 EOF

续表

函数名	函数原型	功 能	返 回 值
puts	int puts(char *string)	发送一个字符串 string 给控制台(显示器)，使用 BIOS 进行输出	若成功，将字符串输出到标准设备。若出错，返回 EOF
putw	int putw(int w,FILE *stream)	向流 stream 写入一个整数	返回输出的整数；若出错，返回 EOF
read	int read(int handle,void *buf,int nbyte)	从文件号为 handle 的文件中读 nbyte 个字符存入 buf 中	返回读入的字节个数，若遇文件结束返回 0，出错返回-1
rewind	int rewind(FILE *stream)	将当前文件指针 stream 移到文件开头	无返回值
scanf	int scanf(char *format [,argument…])	从控制台读入一个字符串，分别对各个参数进行赋值，使用 BIOS 进行输出	返回输入字符的个数，若出错，返回一个负数

C.5 动态存储分配函数

使用动态存储分配函数时，应该在源程序文件中包含头文件 stdlib.h(ANSI 标准)或 malloc.h。

函数名	函数原型	功 能	返 回 值
calloc	void *calloc(unsigned nelem,unsigned elsize)	分配 nelem 个长度为 elsize 的内存空间并返回所分配内存的指针	返回一个指向已分配的内存单元的起始地址，若不成功，返回 NULL
free	void free(void *ptr)	释放先前所分配的内存，所要释放的内存的指针为 ptr	无
malloc	void *malloc(unsigned size)	分配 size 个字节的内存空间，并返回所分配内存的指针	返回所分配内存的起始地址。若内存不够，返回 NULL
realloc	void *realloc(void *ptr, unsigned newsize)	改变已分配内存的大小，ptr 为已分配有内存区域的指针，newsize 为新的长度，返回分配好的内存指针	返回指向该内存的指针

C.6 时间函数

使用系统的时间和日期函数时，应该在源程序文件中包含头文件 time.h。其中定义了 3 个类型。

1. 类型 typedef long time_t

可直接用 time_t 表示，用于表示系统的格林威治时间，以秒为单位。

2. 类型 typedef long clock_t

可直接用 clock_t 表示，性质与 time_t 相同，可用于表示系统的时间。

3. 结构类型 struct tm

在时间日期函数里，主要用到的结构定义如下：

```
struct tm
{
  int tm_sec;   /*秒，0～59*/
  int tm_min;   /*分，0～59*/
  int tm_hour;  /*时，0～23*/
  int tm_mday;  /*天数，1～31*/
  int tm_mon;   /*月数，0～11*/
  int tm_year;  /*自 1900 到现在的年数*/
  int tm_wday;  /*当前是星期几，0～6*/
  int tm_yday;  /*自 1 月 1 日起的天数，0～365*/
  int tm_isdst; /*是否采用夏时制，采用为正数*/
}
```

时间函数介绍如下。

函数名	函数原型	功能	返回值
asctime	char *asctime(struct tm *tm)	把指定的 tm 结构类的时间转换成下列格式的字符串： Mon Nov 21 11:31:54 1983\n\0	返回一个返回字符串的指针
ctime	char *ctime(long *clock)	把 clock 所指的时间(如由函数 time 返回的时间)转换成下列格式的字符串： Nov 21 11:31:54 1983\n\0	返回指向该字符串的指针
difftime	double difftime(time_t time2, time_t time1)	计算结构 time2 和 time1 之间的时间差距(以秒为单位)	返回两个时间的双精度差值
gmtime	struct tm *gmtime(long *clock)	把 clock 所指的时间(如由函数 time 返回的时间)转换成格林威治时间	返回指向结构体 tm 的指针

C.7 目录函数

要操作目录(文件夹)时，可通过目录函数来操作，此时应该在源程序文件中包含头文件 dir.h。

函数名	函数原型	功 能	返 回 值
chdir	int chdir(char *path)	使指定的目录 path(如 c:\\tmp)变成当前的工作目录	成功返回 0，否则返回-1
fumerge	void fumerge(char *path,char *drive,char *dir,char *name, char *ext)	此函数通过盘符 drive(C:、A:等)，路径 dir(\TC、\BC\LIB 等)，文件名 name(TC、WPS 等)，扩展名 ext(.EXE、.COM 等)组成一个文件名	无返回值
fnsplit	int fnsplit(char *path,char *drive, char *dir,char *name,char *ext)	此函数将文件名 path 分解成盘符 drive(C:、A:等)，路径 dir(\TC、\BC\LIB 等)	若成功，返回一个整数
getcurdir	int getcurdir(int drive,char *direc)	此函数返回指定驱动器的当前工作目录名称。drive 指定驱动器(0=当前，1=A，2=B，3=C 等)；direc 保存指定驱动器当前工作路径的变量	若成功，返回 0，否则返回-1
getcwd	char *getcwd(char *buf, int n)	此函数获取当前工作目录并存入 buf 中，直到 n 个字节长为止	若 buf 非空，返回 buf。若发生错误，返回 NULL
getdisk	int getdisk()	获取当前正在使用的驱动器	返回一个整数(0=A，1=B，2=C 等)
setdisk	int setdisk(int drive)	设置要使用的驱动器 drive(0=A，1=B，2=C 等)	返回可使用驱动器总数
mkdir	Int mkdir(char *pathname)	建立一个新的目录 pathname	成功返回 0，否则返回-1
rmdir	int rmdir(char *pathname)	删除一个目录 pathname	成功返回 0，否则返回-1

参 考 文 献

[1] 谭浩强. C 语言程序设计[M]. 2 版. 北京：清华大学出版社，2008

[2] 李丽珍. C 语言程序设计教程[M]. 4 版. 北京：人民邮电出版社，2013

[3] 苏小红，孙志岗，陈惠鹏等. C 语言大学实用教程[M]. 3 版. 北京：电子工业出版社，2013

[4] [美]K.N.King. C 语言程序设计现代方法[M]. 2 版. 吕秀峰，黄倩，译. 北京：人民邮电出版社，2010

[5] [美]Brian W.Kernighan，Dennis M.Ritchie . The C Programming Language(Second Edition)[M]. 北京：机械工业出版社，2007

[6] [日]柴田望洋. 明解 C 语言[M]. 管杰，罗勇，译. 北京：人民邮电出版社，2013

[7] 郝长胜. C 语言程序设计[M]. 呼和浩特：内蒙古大学出版社，2005

[8] 郝长胜，杜鹏东. C 语言程序设计[M]. 北京：高等教育出版社，2012